UNIVERSALE
ECONOMICA
FELTRINELLI

FABIO GENOVESI

Il calamaro gigante

Prima edizione ne "I Narratori" maggio 2021
Prima edizione nell'"Universale Economica" giugno 2022
Terza edizione marzo 2023

Stampa Grafica Veneta S.p.A. di Trebaseleghe - PD

Il calamaro gigante

Come si può dormire
con la luna di stasera?
Venite, amici,
cantiamo e balliamo
tutta la notte.

Yōkan Taigu

1.
Benvenuti al circo

Del mare non sappiamo nulla.

Nulla di nulla, eppure il mare è quasi tutto.

All'inizio c'era solo lui, poi ha concesso un po' di spazio secco e polveroso alla terraferma, e noi subito superbi a dire che il centro del mondo è New York o Pechino, come una volta Babilonia, Atene, Roma, Parigi... invece il centro del mondo è il mare. Occupa i tre quarti del pianeta, che noi chiamiamo Terra, ma se fossimo onesti dovremmo chiamarlo Acqua.

Tutto viene dal mare, pure noi, che siamo un'evoluzione complicata di certi vermi ciechi impegnati a strisciare sul fondale degli oceani. Poi ci siamo inventati gli occhi e le gambe e siamo venuti qua fuori a vedere cosa succedeva, ma ancora oggi possiamo vivere all'asciutto solo perché ci portiamo dentro tantissima acqua. Più della metà del nostro peso. Siamo carne e ossa, sì, siamo sangue e nervi e qualche vestito addosso che cambia con la moda, ma soprattutto siamo mare.

Però del mare non sappiamo nulla.

E invece crediamo di conoscerlo benissimo. Passiamo le vacanze in spiaggia a sudare e farci le foto e guardarlo, ma in realtà non lo vediamo nemmeno. Quella stesa davanti a noi è solo la sua buccia, la sua pelle salata e luccicante.

Come quando ero piccolo, e morivo dalla voglia di andare al circo. Che adesso ai bimbi non gliene importa più nulla, ma una volta il circo era il massimo dello spettacolo. È normale, i tempi cambiano e noi con loro. Il mio babbo da piccolo impazziva per il torrone, poteva mangiarlo solo a Natale ma lo sognava tutte le notti, masticando a vuoto nel sonno. Oggi invece, se regali un pezzo di torrone a un bambino, quello lo assaggia e ti denuncia.

E uguale col circo, che io sognavo di andarci come i miei amici, ma il babbo non mi ci portava mai. Diceva che era triste e puzzolente, che gli animali facevano pena e i pagliacci paura, e non ci pensava nemmeno.

Una mattina però, fuori da scuola, un signore basso con una giacca a stelle e una scimmia sulla spalla dava i biglietti gratis, e come fai a dire no a uno con una scimmia sulla spalla? Allora ho insistito più del solito, così tanto che alla fine il babbo mi ha buttato in macchina e via. Siamo scesi lì davanti, mi ha preso per mano e abbiamo fatto un bel giro intorno al tendone, grande e gonfio e rosso con qualche toppa di colore diverso qua e là.

Poi siamo tornati alla macchina, e di nuovo a casa.

"Ecco, questo era il circo," ha detto il babbo con un'altra sigaretta in bocca. "Sei contento?"

E io non lo sapevo. Ero un po' deluso, ma pure soddisfatto, perché magari questo famoso circo non era un granché, però finalmente l'avevo visto. Mica lo sapevo che lo spettacolo vero era dentro, oltre il tendone. La pista, gli acrobati, i maghi i leoni gli elefanti. Ero piccolo, ero ingenuo, ero parecchio scemo.

Ma non siamo meglio noi, quando torniamo da una giornata in spiaggia e pensiamo di aver visto il mare. Invece siamo rimasti per ore davanti al suo tendone scintillante, col suo incredibile spettacolo nascosto là dietro, là sotto e ovunque, immenso, clamoroso, sconosciuto.

Più della metà del mare supera i tremila metri di profondità, e conosciamo molto meglio la superficie di Venere, che i fondali marini.

Là nuota e danza una vita così varia e diversa, così impossibile che è più comodo non crederci, in nessuna epoca del mondo, a nessuna età.

Come un'altra mattina di quell'anno del circo, che la maestra ci aveva detto di disegnare il nostro animale preferito e poi raccontarlo alla classe, e quando è toccato a me gli altri hanno riso così forte che tremavano pure le mappe della Toscana e dell'Asia alle pareti, mentre mostravo a tutti il mio calamaro gigante.

La maestra provava a zittirli ma non c'era verso, e alla fine mi ha detto che un po' era colpa mia, perché tra tanti animali al mondo ne avevo scelto uno che non esiste. E io cercavo di spiegare che invece esisteva eccome, solo che i miei compagni facevano troppo casino, ed era partita pure una pioggia di matite, gomme, penne, pennarelli.

E insomma, beati loro. Beati quelli che nella vita non si fanno domande, vanno dritti senza guardare l'immenso intorno che c'è, e se devono disegnare il loro animale preferito scelgono il cane, il gatto o al massimo il criceto. E se tu disegni il calamaro gigante ridono e ti prendono in giro.

Perché mica lo sanno, che del mare non sappiamo nulla. Che dietro il tendone ci sono le tigri le scimmie i mangiatori di spade gli sputafuoco le donne con la barba e i lanciatori di coltelli. E i calamari giganti.

Non vogliamo crederci, non possiamo, perché è una vita così diversa che con un solo colpo di coda ci frulla via da ogni nostro punto fermo, dai binari delle certezze solide ed eterne che abbiamo impiegato tanto tempo a inventarci, ci sperde in una realtà troppo grande e ricca per noi.

Ma forse va bene così, nel mare non ci sono binari, si può

andare alla deriva e sperare che la destinazione la decida il destino.

Pure l'America l'ha scoperta uno che non la cercava. Colombo voleva andare in un altro posto che non c'entrava nulla, però è partito, e quando parti tutto può succedere. Già sulla terra, figuriamoci in mare.

Dove ci aspetta un sogno gigante, avvolto in otto tentacoli lunghissimi e altri due che sono lunghi ancor di più, e ci guarda con due occhi grossi come cerchioni di camion.

E mentre andiamo, saliranno a bordo un po' di amici vissuti in posti e secoli diversi, ma simili nell'anima, e strani quanto noi. Pure loro hanno creduto al calamaro gigante, infatti si sono presi addosso una scarica di penne e calamai, lapis e pergamene e tutto quel che si usava ai loro tempi. Ma con quella roba piovuta dal cielo hanno disegnato la traiettoria delle loro vite, così appassionanti e uniche da sembrare impossibili.

Come il calamaro gigante. Come il nostro viaggio. Come noi.

Quindi via, andiamo, benvenuti a bordo, benvenuti al circo. Scusate se non ho una scimmia sulla spalla, ma le scimmie sott'acqua durano poco. E in effetti anche noi, a pensarci bene. Ma allora non pensiamoci bene. Ogni pensiero è un chiodo che ti pianta dove stai, tra sbadigli e rimpianti.

Meglio fidarci, e affidarci, e tuffarci.

Con tutte le braccia che hai, calamaro gigante, prendici al volo.

2.
L'abbraccio impossibile dei ricordi

Torniamo indietro di un secolo e mezzo.

Che è un bel salto, e dopo ne facciamo un altro di due secoli ancora. Ma va bene così, qua non esistono tempi precisi. Non siamo a cuocere gli spaghetti, stiamo inseguendo un sogno, e i sogni si muovono a schizzo e quando gli pare, danzano a una musica imprevedibile che è tutta loro.

In media, passiamo sei anni della nostra vita a sognare. Quando l'ho letto mi sono sembrati tantissimi, sei anni di sogni, poi pochissimi. Ma in realtà non lo so, perché appunto il tempo coi sogni non funziona. Quindi facciamo questo salto indietro di un secolo e mezzo, non è difficile se buttiamo il peso inutile di orologi, calendari e agende con le settimane pianificate. Buttiamo tutto e via.

Tranne un giacchetto, quello magari ci serve, che andiamo alle Canarie e lì c'è sempre vento.

Eppure la *Alecton* adesso è qui ferma in mezzo all'oceano. Perché più forte del vento è il grido della vedetta, che ha avvistato qualcosa.

Una nave nemica, un relitto mezzo sommerso, cos'è che vede dalla cima dell'albero maestro? Glielo chiede pure il capitano Bouyer, ma per un po' si sente solo il vento, che aumenta la sua forza come un amico che vuole portarti via da una brutta situazione. Poi la risposta della vedetta, l'unica possibile:

"È... è enorme".

Il capitano prende il cannocchiale e ci strizza l'occhio dentro, guarda la calma dell'oceano di qua e di là, di qua e di là, e non vede niente. Ma resta immobile più della sua nave, quando capisce che la cosa che sta cercando all'orizzonte è proprio l'orizzonte intero. Smisurata e scura, affiora e sparisce, affiora e sparisce.

Bouyer aveva un programma semplice, arrivare nella Guyana francese liscio e senza ritardi, farsi notare dai superiori e scalare un altro gradino nella carriera militare. Però c'è questa cosa là davanti, anzi non è davanti, è ovunque, e lo chiama. Allora raccoglie il poco fiato rimasto e dà il suo ordine: cambiare rotta e accostarsi alla Cosa.

E così, lasciando la rotta programmata, la *Alecton* entra nella storia.

Oggi, il 17 o il 30 novembre 1861. C'è chi riporta una data e chi l'altra. Ma in realtà è il 30, io lo so, perché il 30 novembre era il compleanno della mia nonna Giuseppina.

E non c'entra niente, ma insieme tantissimo. Tutto c'entra con tutto, l'ho capito proprio grazie alla nonna, l'estate che ho passato con lei in mezzo ai monti.

Avevo dieci anni, ultimo giorno di scuola, ero schizzato fuori dalla classe e volevo correre dritto al mare, che stava lì a un passo e da un mese mi chiamava con la sua voce fatta di onde. Le strusciava sulla riva e le riportava indietro, le strusciava e indietro, come una carezza sulla pelle della terra, per dirmi vengo e ti prendo, vengo e ti prendo. Invece quel giorno mi hanno preso i miei genitori, mi hanno messo in macchina e via in cima ai monti da mia nonna, mi hanno lasciato lì e addio.

Forse si erano stancati di me. Forse volevano ripartire da zero con la loro vita e io ero di troppo. Forse, quando mi avevano chiesto cosa ne pensavo se arrivava un fratellino, avevo fatto male a rispondere che non c'era problema, se prima mi trovavano un altro posto dove vivere per conto mio.

Infatti mentre se ne andavano ho urlato che andava bene, se arrivava questo fratellino. Magari mi ci potevo abituare, non serviva che mi abbandonassero sui monti. Allora la mamma mi ha spiegato che non c'erano fratellini, ma il problema era che non c'erano nemmeno soldi, quell'estate lei doveva passarla a fare le pulizie in una pensione e non poteva guardarmi nessuno. Solo la nonna Giuseppina, che da qualche mese era venuta a vivere quassù in Garfagnana, anche lei per motivi misteriosi.

Allora monti, boschi, animali, e un negozietto di alimentari che dietro aveva una pista da ballo, cioè uno spiazzo d'erba e un juke-box con dentro un'unica canzone, "Ti amo ti" di Umberto Tozzi.

I pomeriggi li passavo così, ballavo da solo e la cantavo a memoria, ma erano parole d'amore e non le capivo, e all'ora di cena tornavo a casa con la testa piena di pensieri. Ma quella sera me li sono scordati tutti insieme, perché fuori era ancora giorno, invece nella cucina c'erano già le persiane chiuse e il buio. E dopo un attimo mi sono accorto che la nonna stava lì, seduta vicino ai fornelli, a fissare l'angolo in fondo.

E se c'è una cosa più strana di tua nonna seduta nel buio, è quando nel buio comincia a bisbigliare: "Patate fritte? Una padella di patate fritte come le faccio io?".

E io, un po' perché speravo non fosse impazzita, un po' perché le patate fritte erano il mio cibo preferito, ho deciso che stava parlando a me: "Sì, grazie nonna!".

Ma lei è saltata su dallo spavento, e si è voltata con gli occhi spalancati. I suoi occhi, che erano i più belli del mondo. Infatti quando poi nella vita ho detto a qualcun altro che aveva gli occhi più belli del mondo, ho detto una bugia. I più belli erano gli occhi della mia nonna, adesso sbarrati nell'oscurità.

"Fabio, sei te! Mammamia, mi hai fatto prendere un colpo!"

È andata alla finestra, ha aperto le persiane, il sole è entrato come una secchiata di luce in faccia.

"Scusa nonna, non volevo... stai bene?"

"Sì, sì sì, benissimo."

"Ma cosa facevi?"

"Nulla, mi riposavo un pochino, prima di cena."

"Ah, ho capito. Però facciamo uno scambio, nonna? Facciamo che io stasera mangio tantissimo, però in cambio te adesso mi dici la verità?"

Perché ero parecchio magro, non avevo fame mai, e lei e la mamma erano preoccupate. Per darmi energia, al posto del sale mi mettevano lo zucchero negli spaghetti, mi raccontavano che si cucinavano così, e a me piacevano pure. Ora però non volevo un'altra bugia, volevo la verità.

"Ma quale verità, Fabietto?"

"Giuro, nonna, stasera mangio un sacco, mi sfondo proprio. Se invece non me lo dici, io digiuno. E anche domani, e dopodomani, e..."

"No, va bene, te lo dico. Però stasera mangi tanto, me l'hai giurato! Io... niente, me ne stavo un pochino a chiacchierare col nonno, tutto qua. Ora però basta discorsi, è ora di cena, le patate fritte vanno bene?"

"Sì, nonna, però..."

"Però cosa, non sono buone le patatine?"

"Sì, le patatine sono buone. Ma il nonno è morto."

E lei è rimasta zitta. Perché lo sapeva benissimo, lo sapeva da tanti anni e ci pensava ogni secondo di ogni giorno della sua vita, che il nonno era morto. Però le cose grosse, anche se le sai benissimo, a sentirle dire ti fanno un altro effetto. Si spandono nell'aria, ti entrano dalle orecchie e dagli occhi, se ne fregano del cervello che crede sempre di sapere tutto, colano giù fino al cuore e addio.

Così, quando le ho detto che il nonno era morto, la nonna ha storto la bocca, e ci ha messo un po' a farsi tornare il sorriso. Che era il più bello del mondo. Infatti quando poi nella vita ho detto a qualcun altro che aveva il sorriso più bello del mondo, ho detto una bugia. Il più bello era il suo.

"Lo so, Fabietto, il nonno è morto, però io lo vedo. Succede solo qui. Una volta io e lui vivevamo in questa casa, sai. Eravamo giovani, appena sposati, poi è nata la mamma e siamo scesi al mare. Ma quanto eravamo felici quassù, Madonnina mia. Ci ripensavo l'anno scorso, che siamo venute su a rivederla. Giravo per le stanze, ci avevano fatto dei lavori, avevano imbiancato, però io giravo e in testa avevo una cosa sola, e quando sono arrivata in cucina questa cosa l'ho proprio sentita nelle orecchie: 'Bella, sì, però era più bella prima'. Proprio queste parole, giuro che le ho sentite. E mi è venuto da rispondere: 'Eh, tutto era più bello prima'. E la voce: 'No, Beppina, te sei bella sempre'. Solo il nonno mi chiamava Beppina, e la voce era la sua."

"Ma... ma come... e te?"

"E io nulla, sono svenuta. Mi ha ritrovato la mamma, secca e dura per terra. Le ho detto che era un giramento di testa, però la domenica dopo siamo tornate ed è successo ancora, e allora sono venuta a stare quassù. E sai una cosa, Fabio mio? Sarò scema, sarò matta, ma sono felice. E lo so che la mamma e il babbo dicono che vivo qui da sola perché sono triste, ma è proprio il contrario."

"Veramente loro dicono che sei rimbecillita, nonna."

"Ah. Davvero? Vabbè, forse hanno pure ragione. Comunque, io faccio la mia giornata tranquilla, poi la sera al tramonto mi siedo qui, e piano piano col buio lì nell'angolo accanto ai fornelli comincio a vedere qualcosa che si muove.

Era il suo posto preferito, sai, la sera il nonno si metteva in quell'angolino e mi guardava che preparavo la cena, e intanto ascoltava i merli fuori dalla finestra che cantavano la fine del giorno. Io lo vedo lì seduto, e sto bene."

"Ma lo vedi anche adesso?"

"Adesso no, ci vuole il buio."

"E lo vedi solo te?"

"Sì. Ma per forza, ci sono solo io qui," ha detto la nonna. Poi mi ha guardato. Cioè, mi guardava già, ma adesso più forte: "Ora però... ora ci sei anche te".

L'ha detto, e non mi ha chiesto nulla, e io non ho risposto nulla. Non serviva. È andata alla finestra, mi ha guardato ancora, io avevo dentro un miscuglio di paura, di curiosità e ansia e tante altre cose agitate insieme. Ho mosso la testa per fare di sì, la nonna ha chiuso le persiane e la cucina è tornata al buio.

E io sono diventato un albero.

Perché gli alberi non respirano l'aria, ma la luce, e io uguale a loro. Infatti adesso, in quelle tenebre misteriose, non respiravo più.

"Cosa vede, capitano?" gli domandano, ma Bouyer non risponde. Solo tiene il cannocchiale fisso sulla Cosa. Che fa paura a lui come ai sessantasei uomini dell'equipaggio. Ma appunto sono uomini, e gli uomini devono comprendere, devono prendere. Allora con gli occhi spalancati vanno incontro al mistero. Però sono pure militari, quindi nell'avvicinarsi lo ricoprono di cannonate.

A ogni colpo la Cosa sparisce, poi spunta di nuovo a riempire lo sguardo, molle e rossiccia, senza un sopra e un sotto, senza un riferimento per accostarla. Inafferrabile come i sogni, incomprensibile come i sogni. Scompare un attimo e torna davanti a te, un po' più in qua o in là.

Ma sempre più vicina.

Troppo vicina ormai per i cannoni, allora Bouyer comanda di passare ai fucili.

E se le cannonate non fanno nulla, non ha molto senso provare con le fucilate. Ma il senso è un discorso che la *Alecton* si è lasciata dietro quando ha deciso di abbandonare la sua rotta. Filava verso la Guyana e l'Isola del Diavolo, dove la Francia spediva i condannati ai lavori forzati nelle carceri più infernali del mondo. Delitto e castigo, azione e reazione, ingranaggi precisi e solidi che portano avanti la società, ogni cosa diversa e non conforme è un granello che ci cade in mezzo, si frantuma e vola via come polvere senza esistere più.

E nemmeno la Cosa dovrebbe esistere. Girano mille racconti di mostri a più teste, granchi grossi come isole, serpenti marini che con un morso spezzano le navi in due. Per gli scienziati sono fantasie da marinai, che passano troppo tempo a fissare l'acqua e a mischiarla col whisky. E gli uomini della *Alecton* non sono scienziati, loro appunto sono marinai, ma questa cosa non è una fantasia.

Sta lì davanti e si mangia tutte le munizioni, ogni loro respiro, i battiti impazziti del cuore e gli ingranaggi precisi e solidi della realtà.

E forse adesso si mangerà anche la nave, è così vicina che la tocca, le è addosso, tutta intorno. Gli uomini corrono a poppa e a prua, e ovunque la vedono che striscia e stringe lo scafo. Allora sparano, sparano a caso, sparano senza mira.

E senza mira sperano.

"Cosa vedi?" mi ha chiesto la nonna lì nel buio della cucina, e io non sapevo rispondere. Cioè, non vedevo nulla, e mi andava bene così. Perché non c'era nulla da vedere, solo la nonna che era matta. E non era grave, era vecchia, e i vecchi possono essere un po' matti. Il problema era se vedevo qualcosa anch'io.

"Sicuro che non vedi nulla?"

E io ho fatto di sì.

"Nulla nulla?"

"Cioè, vedo che… boh, si muove."

"Ecco, si muove cosa?"

"Il buio. È come… come se frigge. Ma mi succede anche la notte, se non dormo. Guardo il soffitto e il buio fa così. Come un formicaio pieno di formiche."

"Aspetta un attimo, Fabietto, guarda un attimo ancora."

Certo, potevo guardare anche un'ora, anche fino al mattino, bastava che non vedessi nulla. Perché altrimenti era un casino. Per la nonna era facile, ma io non ero vecchio, io avevo una vita davanti e rischiavo di passarla tutta in manicomio, a Maggiano sui monti prima di Lucca, dove c'era questo posto che sembrava un castello dei film del terrore, e ogni matto lo tenevano chiuso in una cella sottoterra con niente dentro a parte un mucchio di alghe secche per dormirci sopra.

Me l'aveva detto il fidanzato di mia cugina. Gli avevo chiesto perché li tenevano sottoterra, e lui aveva risposto "perché sì". Gli avevo chiesto perché le alghe e non, per esempio, la paglia o l'erba. E perché li tenevano rinchiusi, perché c'erano finiti.

"Perché sì."

E lo stesso mi avrebbero risposto gli infermieri, quando mi mettevano la camicia di forza e mi portavano là, e io lottavo e chiedevo come mai. "Perché sì."

Anzi, no, loro mi potevano rispondere: "Perché vedi il fantasma di tuo nonno in cucina".

Ed era proprio questo che stava succedendo. Il buio friggeva sempre di più, cominciava a dividersi in pezzi, in parti di qualcosa, qualcosa con un viso.

"E adesso, Fabio? Adesso lo vedi?"

Scuotevo la testa, ma sempre meno.

Avevo tanta paura. Era già tremendo pensare che quando muori finisci sottoterra, figuriamoci se ti ci rinchiudevano ancora vivo, con le alghe secche al posto del letto, che non sapevo com'erano ma di sicuro puzzavano parecchio. Quell'odore lo sentivo già, e la nausea si mischiava alla paura che cresceva e cresceva, come il movimento impossibile del buio là in fondo alla cucina. Che non era più il buio e basta, era qualcos'altro, era qualcuno.

Un corpo forse, una figura, ma io non potevo crederci, anzi non dovevo crederci, era uno scherzo della vista e dovevo scacciarlo. Ma per farlo bastava un secondo. Un salto indietro, una manata all'interruttore vicino alla porta, la lampadina si è accesa e in un attimo addio buio, addio scherzi degli occhi, addio alle paure tutte.

"Nulla!" ho detto. Anzi, urlavo: "Lo vedi, nonna? Non c'è nulla di nulla!". Indicavo l'angolo di là dai fornelli, dove prima qualcosa friggeva e adesso nella luce solo la sedia con sopra niente, nessuno.

Mi sono voltato verso di lei, e la nonna guardava lì, guardava me, guardava lì di nuovo. Con una delusione enorme negli occhi, gli occhi più belli del mondo.

E non capivo se era delusa dalla sedia vuota o da me. Era una delusione così grande che avvolgeva tutto quanto.

La Cosa avvolge la *Alecton*. È molle, immensa, e forse ingoierà la nave come ha ingoiato le palle di cannone, le fucilate e ora gli arpioni, che le passano attraverso, ci spariscono dentro e chissà dove finiscono.

Forse in un posto che non ha misura né tempo, un mondo liquido e senza confini che non dura e non passa. Quel luogo che ci stranisce quando pensiamo a come fa l'universo a essere infinito, come fa Dio a essere eterno. E a pensarci ci gira la testa, come adesso al capitano Bouyer, che si appoggia per non cadere nel mare nero.

Ma in quel nero, il mozzo più giovane è riuscito a calare una cima, la fa passare intorno al mistero, il nodo scorsoio si chiude e stringe qualcosa. Da solo non può sollevarla, ma nemmeno in due, nemmeno l'equipaggio intero compresa la vedetta corsa giù dall'albero maestro. Solo il capitano Bouyer resta lì a guardare, serra i pugni e dà il ritmo gridando: "Aaa-lé! Aaa-lé! Per la gloria di Francia, aaa-lé!".

E qualcosa comincia a spuntare dall'acqua, ma è come se provi a ricordare un sogno appena fatto: per un attimo è lì con te, ma ti passa fra le dita e alla fine non resta più nulla, solo la sensazione di aver vissuto qualcosa di irripetibile, e ora l'hai perso per sempre.

Gli uomini tirano più che possono, e dall'acqua nera come l'inchiostro spunta qualcosa di rotondo e scuro. Un occhio, enorme e luccicante, che li fissa.

Loro restano di sasso, come allo sguardo della Medusa. Che aveva serpenti sulla testa, e nell'acqua vedono proprio questo, mille serpenti giganti aggrovigliati, pronti a far sparire la loro minuscola barca nell'oceano.

Mentre la cima che stringono si fa sempre meno pesante, perché la Cosa ricade nell'acqua piano piano, e con loro non resta nulla, solo il ricordo di quello sguardo che li fisserà per sempre.

Non puoi stringere un sogno, non puoi abbracciare un ricordo. Così come non puoi scacciarlo, nemmeno con le cannonate. Sparisce, torna a galla, sparisce di nuovo, ma sempre ti fissa col suo grande occhio, nel buio della notte che ormai avvolge la *Alecton*, traballante, piccolissima, spersa nell'oceano smisurato.

"Fabio, vieni un attimo fuori?" la nonna mi chiamava dalla finestra.

Era notte ormai, avevamo cenato, una montagna di patatine che non ero riuscito a finire ma adesso stavo lì in cucina a pescare le ultime dal piatto. Guardavo un po' loro, un po' la tv, un po' il mobile sotto la tv, tutto tranne l'angolo dietro i fornelli, dove avevo paura di vedere il nonno che mi chiedeva qualche patatina avanzata. E adesso avevo paura anche della nonna, che mi chiamava fuori nell'oscurità.

Stava di là dalla porta, seduta sotto la tettoia di canniccio dov'era appesa una lampada, e tante falene e altri insetti ci giravano intorno sempre più vicini, fino a sbatterci contro e farsi male e a volte cadevano proprio per terra, ma appena potevano tornavano lassù a picchiarci più forte di prima.

"Scusa, nonna."

"Di cosa."

"Di prima. Ho acceso la luce perché avevo paura, e volevo vedere. Cioè, non volevo vedere, non..."

"Lo so, Fabietto, lo so," sorrideva, e io guardavo lei che guardava la notte dal tondo luminoso della lampada, gli insetti che ci volavano intorno, e tra i mattoni del muro gli scorpioni che ogni tanto ne catturavano uno con le loro pinze micidiali.

Gli scorpioni sono perfetti, tanto che l'evoluzione non sa più come migliorarli, e allora li lascia così. Uguali identici, da quattrocento milioni di anni.

In confronto, la storia dell'uomo è un terrazzino fiorito che si affaccia sulla foresta dell'Amazzonia. La nostra storia è nulla. E pure la Preistoria, l'età della pietra quando eravamo pelosi e passavamo i giorni a battere sassi su altri sassi, è appena roba di due o tre milioni di anni fa. Quando gli scorpioni stavano già lì perfetti, uguali a oggi.

Da quattrocento milioni di anni e anche quella sera, che dal muro guardavano me e la nonna e gli insetti che giravano sotto la lampada, ai margini del buio.

"Fabio, senti, però me lo fai un favore? Io ti ho fatto le patate fritte, un favore piccolo piccolo me lo merito, secondo me."

"Certo, nonna, ma anche senza patate fritte. E anche non piccolo piccolo."

"Allora guarda là, per piacere, e dimmi cosa vedi."

Ha indicato la notte là fuori, e mi è venuta paura che adesso lo vedeva pure là, il nonno. Che magari dopo cena era andato a farsi due passi nel bosco per digerire.

"Nonna, mi dispiace, ma non vedo nulla nemmeno lì."

"Nulla nulla?"

"No. Cioè, ci sono gli alberi, un pochino li vedo, però..."

"No, ma non dico lì, dico lassù," e ha indicato il cielo.

Ho alzato gli occhi, ma vedevo solo la fine della tettoia di canniccio, gli stessi insetti intorno alla stessa lampada. "Nulla, nonna, no."

"Ecco, bene. E mi fai un altro piacere, vai a spegnere la luce?"

"Ma dopo è buio, nonna. Non è meglio se si fa domattina? È anche un po' freschino, si va in casa?"

"Dài, Fabio, solo questo, poi giuro che basta."

Sono entrato, ho spento la luce, sono tornato fuori nel buio nero che si era subito mangiato il mondo, come gli scorpioni gli insetti che non sapevano più dove girare.

"Ecco, nonna, ora non vedo proprio nullissima."

"Lo so, ma aspetta. Mettiti qui con me e aspetta."

E io ho aspettato, ma mica tanto. Il tempo di pensare ancora agli scorpioni, che all'inizio vivevano nel mare, poi uno di loro ha detto: "Ragazzi, io esco dall'acqua e vado a fare un giretto sulla terra, ci vediamo fra un po'". E in mare ancora lo aspettano, da quasi mezzo miliardo di anni. Quello sì che è aspettare.

A me invece è bastato un minuto, poi lassù, sopra il bosco e i monti e sopra tutto, è esploso il cielo.

Le stelle, tantissime stelle, più grandi e più piccole, fisse oppure tremolanti come me, così luccicanti e appiccicate che diventavano una cosa sola e viva, un bagliore che era come il battito del cuore, era come il respiro, e insieme aveva fermato il mio cuore, e non respiravo più.

"Adesso, Fabio, non te lo chiedo nemmeno, se vedi qualcosa."

Io ho fatto di sì con la testa, una volta o due, senza togliere gli occhi da lassù. "Ora vedo, nonna, vedo tutto."

"Lo so. Però le stelle c'erano già prima, sai?"

"Prima quando?"

"Prima quando non vedevi nulla. Ma anche prima ancora. Moltissimo prima."

"Prima pure degli scorpioni?"

"Certo, molto prima. In confronto alle stelle, gli scorpioni sono bimbi dell'asilo. Eppure te non le vedevi, pensavi che non c'era nulla."

"Perché c'era la luce accesa."

"Eh sì. Una lampadina sola, l'ho pagata cinquanta lire al consorzio, bastava quella a farti perdere il cielo."

Ho fatto ancora di sì, vagando tra le stelle. Mi sentivo scemo, mi sentivo piccolo, mi sentivo appena arrivato in questo universo pazzesco, che brillava da sempre e per sempre, lontanissimo e insieme addosso, tutto addosso a me.

Le stelle di notte in mezzo al mare: se arrivi al tuo ultimo giorno e non le hai viste, non hai vissuto. Ma anche Bouyer, che invece le conosce a memoria, stanotte si stringe nel cappotto e continua a guardarle.

Dovrebbe andare in cabina a scrivere il diario di bordo e poi dormire, ma come può addormentarsi, come può raccontare quel che è successo, se non lo sa?

Dovrà dare spiegazioni anche sul cambio di rotta, sulle munizioni e le palle di cannone sparite in mare. Spiegazioni. L'unica possibile è rimasta avvolta alla cima, un pezzetto di quella Cosa enorme che non sono riusciti a tirare su. Sta ancora sul legno del ponte, quattordici chili di una sostanza bianchiccia e molle, che odora di muschio.

Lì accanto al capitano, che però tiene gli occhi al cielo e non la guarda più, perché prima a forza di fissarla ha visto friggere qualcosa nel buio, forse un movimento. Tanto che gli è venuto da prenderla e gettarla via, lontano dalla nave e giù nel mistero da dove arriva. Ma gli serve, la consegnerà il giorno dopo al console francese a Tenerife, insieme alla testimonianza sua e dell'equipaggio intero, tutti concordi nel rapporto ufficiale che descrive quell'essere pieno di tentacoli, lungo più di dieci metri e pesante almeno un paio di tonnellate.

L'avventura della *Alecton*, il 17 o il 30 novembre del 1861 (ma era il 30, come il compleanno della mia nonna) è il primo vero incontro con questa creatura leggendaria, e il più famoso. I giornali del mondo intero parleranno del "polpo gigante", e Bouyer vorrebbe precisare che non era un polpo, ma gli domanderebbero allora cos'era, e quando un uomo intelligente non sa che dire, sta zitto. È una virtù, ma anche un problema, perché così il pianeta si riempie delle parole sempre pronte degli stupidi:

"Un essere del genere non può esistere," sentenzia infatti un membro dell'Accademia francese delle Scienze, perché sarebbe "una contraddizione delle grandi leggi di armonia ed equilibrio che regnano sovrane sulla natura vivente".

L'avvistamento insomma è solo un'allucinazione collettiva, niente più. Ispirerà *Ventimila leghe sotto i mari* di Jules Verne, e tanti altri libri e illustrazioni. Ma appunto viene preso così, come una favola. Perché quella Cosa gigantesca è inammissibile, è inaccettabile, e quindi non è.

Ma il capitano Bouyer e il suo equipaggio non lo sapevano, che quella cosa era impossibile, e infatti gli è successa.

"Scusa, nonna, sono proprio scemo."

"No, Fabio, non sei te che sei scemo, siamo tutti. Anch'io

le prime volte in cucina mi spaventavo, accendevo la luce e non vedevo più nulla. Accendiamo una lampadina e pensiamo che ci illumini, invece ci abbaglia e basta, una lucetta da due soldi ci nasconde le stelle e tutte le meraviglie del mondo. Come i ragionamenti, tutti quei ragionamenti da due soldi per capire le cose, che invece ci portano via le emozioni. Sai quanto sono stata lì a dirmi ma no, non è il mio Rolando, figurati, è uno scherzo degli occhi, è la solitudine, è la cataratta. Ci passavo le notti, a ragionare così. E intanto mi perdevo la bellezza. Accendevo tutte le luci che c'erano, e non vedevo nulla. Le stelle esistono, Fabio, e anche tante altre cose così favolose e più vicine, però non vediamo nemmeno quelle. Questa cosa del nonno in cucina, per esempio, che mi fa felice. Ma tanto felice, sai. E magari sono matta, lo so, però sono una matta felice."

"Non sei matta, nonna, ci credo anch'io, sai? Ora ci credo anch'io, tantissimo."

"Certo, sei mio nipote. Però questa cosa teniamola per noi. Non dirla a nessuno, sennò ci prendono per pazzi."

"Ma non è una cosa pazza, nonna, è una cosa bellissima."

"Tutte le cose bellissime sono pazze, però è meglio se questa resta tra noi. Non dirlo nemmeno al babbo e alla mamma."

"Ma è troppo bella nonna, io la voglio raccontare!"

"No no, mai, nemmeno quando sono morta. Sennò poi la gente pensa che avevi una nonna matta, che passava le sere a parlare con un fantasma."

Così ha detto la nonna. E io lì per lì niente, ma poi: "Ah, ma ci parli così tanto? E il nonno ti risponde?".

"Certo, parla più adesso di quando era vivo."

"E cosa ti dice?"

La nonna ha aperto la bocca, si è voltata verso di me, e alla fine: "No, dopo te lo racconti in giro".

"No! Giuro, nonna, giuro, me lo tengo per me!"

"Non ti credo, già volevi raccontare che lo vedo, quel che mi dice non te lo dico."

"Ma giuro, nonna! Che lo vedi in cucina, ecco, sono sincero, quello magari un giorno mi può scappare. Ma quel che ti dice, se me lo racconti io giuro che lo tengo per me e non lo dico a nessuno, mai mai mai."

"Mai mai mai?"

Ho alzato le mani, ho incrociato gli indici e li ho baciati tre volte: "Mai mai mai. Te lo giuro".

Allora la nonna mi ha guardato, ha sorriso, si è piegata verso di me e sottovoce, nella luce spenta della lampadina e in quella eterna delle stelle, mi ha raccontato quel che le diceva il nonno, quando la sera tornava per lei dal mondo dei morti.

E io ho tolto gli occhi dal cielo e ho guardato lei, perché qua sotto la tettoia c'era una meraviglia ancor più smisurata, che insieme alla sua voce mi entrava dalle orecchie, dal respiro, da ogni forellino della pelle, colava piano dentro di me, in posti così profondi che non sapevo di averli, e sarebbe rimasta lì per sempre.

E quando la nonna si fermava un secondo, per prendere fiato dopo parole clamorose e prima di altre che lo erano ancora di più, io potevo solo ripetere che non le raccontavo mai a nessuno. A nessuno, nonna, mai mai mai.

Te lo giuro.

3.

Mai dire ormai

C'è una cosa che va detta subito, e sembra impossibile ma giuro che è così: i dinosauri sono esistiti veramente sul nostro pianeta.

E uno risponde: "Vabbè, grazie, lo sapevo già". Ma il problema è proprio questo, che lo sappiamo già. Siamo cresciuti insieme ai dinosauri, al cinema sui libri e in tv, ce li insegnano a scuola, ce li regalano a Natale, e così finisce che ci sembrano normali. Invece sono incredibili, i dinosauri, sono impensabili.

Tanto che un tempo, quando si trovava qualche osso enorme sottoterra, si diceva che erano i resti dei giganti, uomini altissimi che coi capelli sfioravano le nuvole, e a ogni passo schiacciavano un albero o una capanna. E le grandi impronte a tre dita rimaste per sempre qua e là, le aveva lasciate una specie di corvi extra-large, poi estinta perché non c'era più posto sull'Arca di Noè.

Così credevano una volta, e forse sembrava strano anche a loro, ma se l'alternativa erano lucertoloni enormi con corna e zanne e squame, che dominavano il pianeta prima che un sasso arrivato dallo spazio li stecchisse tutti, ecco che uomini e corvi giganti diventavano cento volte più realistici.

Solo che la realtà non è realistica quasi mai.

Infatti i dinosauri sono esistiti davvero. Anzi, sono durati così tanto che in confronto il cammino dell'uomo sulla Terra è una gita delle elementari, col pulmino ancora in partenza nel piazzale e noi dentro a fare casino e litigare per i sedili in fondo.

Dobbiamo ricordarcelo, adesso e sempre. Prima di partire, prima ancora di sapere dove andiamo, dobbiamo sapere dove siamo: noi siamo su una terra dove sono esistiti i dinosauri, e quindi tutto è possibile da queste parti.

E uno che lo sapeva benissimo è don Francesco Negri, che era un prete di Ravenna, anche se lui i dinosauri non li aveva mai sentiti nominare.

Perché siamo nel Seicento, e ancora per un paio di secoli le ossa enormi trovate in giro saranno di uomini giganti o di qualche drago uscito dall'inferno. In più, Francesco è un religioso, e la Bibbia spiega che il mondo è sempre stato com'è oggi. L'ha creato Dio, e le creazioni del Signore non sono come gli ombrelli comprati per strada, che durano mezzo temporale e buonanotte. No, il mondo dura da sempre e per sempre come l'ha fatto Lui in sei giorni di lavoro, poi il settimo si è riposato.

Ma don Negri lo sa, che Dio non è uno che fatica tutta la settimana e poi la domenica resta in tuta sul divano a guardare la tv. L'ha sempre saputo, ma stasera ne ha le prove. Stanno su un libro favoloso, pieno di mappe e disegni e descrizioni, *Storia delle genti settentrionali* di Olaus Magnus. Don Negri è appena arrivato alla fine, e ha capito che il settimo giorno Dio non si è riposato: si è divertito.

Prima ha costruito il cosmo intero con armonia e saggezza, attento e preciso e scrupoloso, ma la domenica si è sfogato. Ha lasciato andare la fantasia e ha tirato fuori panorami pazzeschi, li ha popolati di esseri assurdi, ha preso il tutto e l'ha nascosto nell'angolo più sperduto in cima al mondo, e intanto se la rideva pensando alla faccia del primo che arrivava lassù e si trovava davanti quella follia.

La faccia che ha adesso don Negri, col libro stretto al petto e il respiro fermo in gola. Ha letto l'ultima pagina e senza volerlo è scattato in piedi, perché i grandi libri sono così, quando loro finiscono, dentro di te comincia qualcosa. Che è potente e ti commuove, ti muove, e vai.

Dove, non lo sa bene nemmeno lui. Ma verso quel Nord estremo e pieno di "varie et mirabili cose, molto diverse dalle nostre". Sotto un sole che non cala mai, e quando lo fa è per lasciare spazio a una notte infinita, su boschi impenetrabili e picchi maestosi. Ma la parte che gli ha rubato l'anima davvero è quando il racconto lascia la terraferma e si tuffa negli oceani furiosi e senza fondo, agitati da turbini e procelle e tempeste, ma anche dalle inaudite creature che ci nuotano dentro, descritte e illustrate così bene da Olaus Magnus che sembrano saltar fuori dalle pagine.

"Horribili mostri" come le balene, tanto grandi che all'occhio umano sembrano isole. Infatti il vescovo Brendano, nei suoi sette anni di peregrinazione marina, ha fatto sosta sul dorso di una, si è sgranchito le gambe con un giretto e poi ha acceso il fuoco per la cena, allora l'enorme bestia si è scossa e lui e gli altri monaci hanno fatto appena in tempo a saltare a bordo, prima che l'isola vivente si inabissasse portandoli per sempre con sé.

E se le balene sono clamorose per grandezza, altre creature lo sono per l'aspetto. Come la vacca, il vitello e il cavallo di mare, il mostruoso porco marino avvistato più volte nell'Oceano Germanico, e gli unicorni. Che non stanno solo nelle favole, esistono davvero, però galoppano tra le onde. Come esistono le Loligini, bestie piumate che si scagliano fuori dall'acqua come saette, così tante che se disgraziatamente incontrano qualche nave la sommergono.

Ma il più grande e temibile di tutti è il Soe-Orm, il Serpente di Norvegia, "lungo sessanta metri e più, e vive ne le rupi, e caverne che sono appresso il mare di Bergensi... ha certi peli, che gli pendono dal collo, lunghi due braccia, et ha le squame di color negro, gli occhi risplendenti, di color di fuoco".

Quegli occhi dipinti così bene sul libro, mentre il mostro si attorciglia intorno a una nave e la affonda, si piantano in quelli di don Negri, che del mondo lassù non sa nulla, ma lo sogna fin da bambino, e stasera ancor di più. Perché un sogno vero o ce l'hai per sempre o non l'hai avuto mai.

Adesso il sogno chiama Francesco così forte che finalmente lui risponde. Si alza col libro sul cuore, e parte.

Motivi per non farlo, ne avrebbe un sacco. Vive a Ravenna, dove sta per diventare parroco, e la sua vita lì è un quadretto delizioso, disegnato dall'abitudine e colorato dalle comodità. E se il viaggio avventuroso verso il nord era il suo sogno da piccolo, adesso don Negri è cresciuto anche troppo: ha quarant'anni, che alla sua epoca sono tantissimi. Nel Seicento non esistevano mica i locali per brizzolati e divorziati, dove vai a ingollare aperitivi e noccioline, a scambiarti pacche sulle spalle con altri come te, e a dirvi: "Sei un grande! Sei un grande!". No, nel Seicento a quarant'anni non eri un grande, eri un vecchio, e quel che avevi fatto nella vita l'avevi fatto, ormai.

Già, eccola la parola assassina: *ormai*. Lei non passa mai di moda, e ora come allora serve a non partire, non fare, non provare mai a cambiare le cose intorno a noi. È una parola corta, ma basta a riempire una vita di scontento, giorno dopo giorno fino all'ultimo, raccontandoci che per essere felici è troppo tardi, ormai.

Quante volte ci lamentiamo del lavoro, delle scelte, di mariti e mogli, fidanzati o compagni e insomma della vita tutta intorno e addosso a noi. E diciamo scemenze tipo che l'infanzia era l'età più bella, la più libera e spensierata. Ma non è mica vero: come può essere libera, un'età in cui per fare qualsiasi cosa devi chiedere il permesso a genitori, familiari, maestri, catechisti e adulti in generale? È quando diventi grande che sei libero davvero, non devi obbedire a nessuno, e disegnare la tua vita spetta a te. Solo che ce la disegniamo da schifo.

Da bambini abbiamo un sacco di sogni, ma ce li teniamo dentro perché è troppo presto, in attesa di diventare adulti e realizzarli. Poi però cresciamo, e decidiamo che i sogni sono roba da bambini, e al posto di quelli ci riempiamo i giorni di obblighi e doveri e altra roba che non ci piace e non ci fa felici, e vorremmo cambiare ma non cambiamo nulla di nulla, perché è troppo tardi, ormai.

La fregatura è proprio questa, che tra il troppo presto e il troppo tardi dovrebbe esserci un lungo tempo giusto, libero e luminoso per fare quel che vogliamo, però nessuno lo trova mai.

Troviamo invece un sacco di scuse: siamo troppo giovani, o troppo vecchi, oppure siamo sfortunati, diversi, siamo nati nel posto sbagliato. O magari sono gli altri che sono cattivi, sono invidiosi, sono raccomandati, sono... sono tutte scuse, che ci raccontiamo per non fare nulla.

E io non ho niente contro le scuse, anzi, le amo. Sono preziose quando le usi con gli altri, per evitare cene noiose, ritrovi di parenti, riunioni di condominio e altri inaccettabili furti di vita. Ma che senso hanno le scuse, se le raccontiamo a noi stessi per non essere felici?

Non lo so, e non lo voglio sapere. Per stare meglio, a me basta sapere che sono negato a suonare il pianoforte.

E sembra che non c'entri nulla, ma invece sì: fin da piccolo, quando alla tv c'era qualcuno che suonava il piano, io seguivo e annuivo, pensando che avrei saputo farlo anch'io. Per qualche motivo, sentivo di avere quel dono, un talento naturale e innato. Però non ci ho mai provato, sono cresciuto e ho perso tanti capelli, ma questa convinzione no. E mi spiaceva, per me e per il mondo intero, che avevo privato della mia musica divina.

Poi però, verso i trentacinque anni, per un periodo mi sono ritrovato a vivere a Milano, e il mio vicino era un signore cieco che insegnava pianoforte a casa.

Era chiaramente un segno, così mi sono presentato per una lezione. Per imparare le basi, ma in realtà mi sentivo che dopo un paio di note lui sarebbe corso a chiamare qualche scuola importante, la Scala o posti così, per dire: "Fermate tutto, è nato un genio, la storia della musica cambia per sempre". E mi vedevo girare i teatri del mondo in lunghe tournée, sempre accompagnato dal mio maestro e scopritore, che era cieco ma aveva subito visto la grandiosità in me.

Ci sono andato una volta, ci sono andato una seconda, e alla fine di quella il maestro, mentre pagavo, mi ha preso il polso e mi ha detto queste parole che non scorderò finché campo:

"Senta, è contro il mio interesse, ma non venga più. È tempo sprecato. Io nella vita ho conosciuto grandissimi talenti e persone che invece sono negate, non è un merito e non è una colpa, è semplicemente così. Uno come lei però non mi è mai capitato. Lei va oltre la negazione. Non si offenda, ma questi soldi le consiglio di spenderli per una visita medica, una valutazione neuro-psicomotoria, perché secondo me c'è qualcosa che non va".

Così mi ha detto, il mio maestro e scopritore. E lì per lì mi ha fatto male, non lo nego, mi aspettavo che mi portasse alla Scala, invece mi mandava dallo psichiatra.

Però adesso ne sono felice. Perché insomma, almeno morirò senza che sulla lapide si debba scrivere "con lui il mondo ha perso il suo più grande pianista, senza averlo mai potuto ascoltare".

Non ho quel talento, non ce l'ho per niente, però non ho nemmeno quel rimpianto dentro. Ci ho provato, e ho fallito enormemente, ma va bene così. Mi hanno detto che sono negato, che sono patologicamente negato, ma sono contento di non aver detto *Ormai*.

Di aver fatto nel mio piccolo quel che ha fatto don Negri, in maniera tanto più coraggiosa: ha quarant'anni, vive comodo e tranquillo in una bella casa calda, non è abituato al gelo, alle fatiche e ai pericoli che troverà lassù, anzi non ha la minima idea di cosa lo aspetta, né di che strada fare per andarle incontro.

Ma stasera si alza dalla poltrona col libro al petto, guarda fuori dalla finestra per capire là davanti cosa c'è, non lo capisce per niente, però parte lo stesso.

Tutto solo, su fino in cima all'Europa, a piedi e su carri, su barche e navi, superando pure il terribile Maelström, l'immenso vortice che risucchia ogni cosa nel ventre dell'oceano. E siccome don Negri non è uno che calcola tanto, arriva lassù all'estremo nord proprio nel cuore spietato dell'inverno.

Con un viaggio così rischioso che, in ogni convento dove passa la notte, il mattino dopo i frati lo stringono forte per convincerlo a non proseguire. E pure il Gran Cancelliere di Norvegia, Ovidio Bielke, gli spiega: "Voi andate a morire in questo viaggio, poiché avete a combattere due potentissimi nemici, la zona glaciale e il verno crudelissimo".

Ma alla fine si arrendono, e quella stretta diventa un abbraccio, l'ultimo a un morto che cammina, mentre gli promettono che racconteranno al mondo la sua storia.

Che è il dono più grande che si possa fare a qualcuno.

Infatti don Negri li ringrazia tanto, ma spera di risparmiargli questa fatica, perché la sua storia vuole raccontarla da sé. Si stringe nel cappotto e avanti, avanti lassù, giorno dopo giorno, per un viaggio lungo tre anni.

Tre anni che restando a casa avrebbe potuto riempire di

abitudini, di sbadigli e di *ormai*. Quante volte si può dire, *ormai*, in tre anni? Milioni di volte? Forse miliardi, se uno ci si impegna proprio e lo ripete tutto il giorno a testa bassa, ma a cosa serve?

Don Negri non lo sa, e non ha tempo per pensarci. "Patì freddi non tollerabili, fu presso a morir di fame e ad annegare. Contuttociò non avresti veduto volto più lieto, animo più allegro del suo." Rischia di morire così tante volte che non ci fa più caso, nella neve e sotto i fulmini, dentro crepacci senza fondo e nelle bocche non meno scure di mille belve fameliche. Ma scaccia le fatiche e le paure con poche parole, che ripete a voce alta anche se ha le labbra congelate, e nessuno intorno ad ascoltarlo:

"Questo patimento presente finirà con questa giornata, e il giubilo di aver veduto quello che in essa hai osservato, durerà teco tutto il tempo di tua vita".

Così esplora Svezia, Nordlandia, Finmarchia, su su verso la Lapponia. "Terra coperta da nevi e ghiaccio quasi eterno; monti deserti, foreste ignude, terreno morto e squallido, in cui non s'appiglia seme, non germoglia fil d'erba, e nondimeno havvi gente che vive, e della vita sente diletto."

Questa gente sono i Lapponi, che lo accolgono come un fratello. E don Negri non vuole convertirli, catechizzarli e giudicarli nemmeno: lui non è venuto a insegnare, ma a imparare. La loro lingua, la loro libertà, a spostarsi con gli sci, a guidare la slitta trainata dalle renne, a vivere ogni giorno come un'avventura nuova verso il domani. Su e su tra i loro ghiacci e ancora sopra, fino a diventare il primo viaggiatore a raggiungere Capo Nord.

Solo allora, persuaso che non c'è più terra da calpestare, fa un respiro commosso e profondo, si volta, e torna a casa sua.

Nel rientro, studiosi e scienziati lo fermano per avere informazioni preziose, e pure il Re di Danimarca vuole conoscerlo, ammirato che "un italiano, nato in un clima dei più dolci del mondo, avesse avuto tanto ardire e forza d'intraprendere e compiere un viaggio de' più aspri e pericolosi che siano".

E poi, finalmente, Ravenna. Dove lo accolgono come un eroe e insieme come un fantasma, perché ormai non lo aspettavano più. *Ormai.*

Dovunque va, la gente gli fa il tondo intorno. Come i fedeli che lo cercano per confessarsi, ma in realtà è lui che vogliono ascoltare. Perché i peccati sono tanti ma alla fine si somigliano tutti, i prodigi che ha visto don Negri invece, quelli sono unici e li conosce solamente lui.

Che è rimasto solo e zitto per tre anni al gelo del nord, e adesso nell'aria tiepida e profumata della primavera la sua voce si scioglie come il canto dei merli la sera.

Don Negri canta di foreste senza fine, dove crescono alberi che se stacchi la corteccia e la maneggi per un po' diventa l'unico pane che puoi trovare lassù. Fra rondini che volano d'estate, ma passano l'inverno in fondo ai laghi ghiacciati, insieme ad altri animali che lui chiama "cani marini", perché ancora nessuno le chiama foche. Per lo stesso motivo spende mezz'ora a descrivere la meraviglia di bagliori e figure che ha visto danzare nel cielo, come se Dio avesse organizzato un ballo nel firmamento, provando a spiegare alla gente di Ravenna quella che ora si chiama aurora boreale, ma all'epoca nessuno la chiamava e nessuno l'aveva vista mai.

Cioè, lui sì, come aveva visto le famose balene, tante là in mezzo al mare e una l'aveva pure studiata da vicino, morta in secca sulla costa.

Però era rimasto deluso, perché quella bestia era grande, ma non come scriveva Olaus Magnus. Ci aveva girato intorno un bel po', misurando la sua gola troppo stretta per ingoiare un uomo, eppure la Bibbia dice che proprio questo successe a Giona, rimasto tre giorni nello stomaco di una balena prima di essere sputato sulla riva.

Ma dopo tanto studiarci, don Negri ha capito, e si è commosso pensando alla potenza del Signore: facendo passare Giona in quel buco stretto infatti aveva compiuto un miracolo ancor più miracoloso!

E a questo punto del racconto, quando il suo pubblico crede di aver ascoltato il prodigio massimo e insuperabile, don Negri spalanca gli occhi e la voce gli cambia, mentre arriva a descrivere una creatura così grande e minacciosa che le balene in confronto sono acciughe da friggere alla festa di Sant'Apollinare.

Un animale che è di certo l'opera ultima di Dio, impareggiabile per aspetto e dimensioni. E purtroppo è anche l'unico che don Negri non è riuscito a vedere. Però l'ha trovato ovunque nelle storie delle persone che osano vivere davanti a quel mare, e addirittura navigarci.

E così, nei suoi racconti in parrocchia e nel suo diario di viaggio, don Francesco Negri da Ravenna sarà il primo a descrivere questa bestia incredibile, usando il nome che gli durerà addosso per secoli: lo Sciu-Crak, il portentoso, terribile Kraken.

"Un pesce di smisurata grandezza, di figura piana, rotonda, con molte corna o braccia alle sue estremità, con le quali da tutte le parti alzate stringe le barchette de' pescatori... viene ascendendo dal fondo del mare molto lentamente col dorso all'insù, col quale toccata che ha la barchetta, tosto la stringe."

La stringe con le sue molte braccia, cioè i tentacoli, gli stessi che serrano il cuore di don Negri mentre parla e quelli dei parrocchiani in ascolto. E anche il nostro, adesso che abbiamo raccontato in qualche modo la sua storia.

È il regalo più grande che si possa fare a qualcuno, raccontare la sua storia.

Mentre il regalo più grande che possiamo fare a noi stessi, forse, è mai dire *ormai*.

Il tempo, gli anni, le età, sono solo numeri scemi, le cose più importanti della vita non si possono contare. L'amore, il dolore, la paura, la felicità, cosa vuoi contare lì dentro? Devi solo tenerti forte, mentre ti ci tuffi in mezzo.

Questo ha fatto don Negri, e così il primo uomo a nominare e descrivere il Kraken, il calamaro gigante, l'essere più misterioso della Scandinavia, è stato un prete di mezza età nato in Emilia Romagna.

Non aveva i mezzi, né un piano, una mappa o un obiettivo preciso. Però aveva un sogno. E un sogno ce l'hai per sempre, o non l'hai avuto mai.

4.
Gesù cammina sulle acque a Pontedera

Un giorno il mio zio Aldo ha tagliato due nespoli che erano seccati.

Voleva spaccarli e metterli via per l'inverno, ma ormai erano le sei e allora li ha appoggiati al cancello e se n'è andato al bar.

Quella notte però, tornando a casa, in fondo al vialetto ha visto due carabinieri dritti e scuri ad aspettarlo. Ha messo la retro e si è fatto un altro giro per le vie del paese, ma mezz'ora dopo quelli stavano ancora lì, e dopo due ore uguale. Insomma lo zio è rincasato solo all'alba, quando è passato il buio e anche la sbornia e la paura dei due carabinieri al cancello, che in realtà erano i due tronchi di nespolo che ci aveva appoggiato lui prima di andarsene.

Questo è successo una notte al mio zio Aldo, e magari uno ci ride, ma lo stesso facciamo noi tutti i giorni, senza aver bevuto mezza bottiglia di liquore Tre Stelle.

Solo che al posto dei nespoli-carabinieri mettiamo le parole. Ce le inventiamo, così dal nulla, ma poi le scriviamo maiuscole sui libri, le stampiamo dorate sulle targhe e sotto i monumenti, e finiamo per inginocchiarci davanti a questa roba che appunto ci siamo inventati. Parole tipo Onore, Prestigio, Orgoglio, Assessorato alla Cultura… ma soprattutto Storia.

La consideriamo una grande maestra di vita, la Storia, anche se da lei non abbiamo mai imparato niente, e certe volte che siamo proprio esaltati diciamo addirittura che "la Storia siamo noi".

Ma secondo me la Storia è solo una lista di nomi di gente quasi tutta nobile e potente, e di date e posti dove questa gente ha fatto qualcosa. E noi non siamo questo, noi per fortuna siamo molto più della Storia: noi siamo le storie. Che sono diverse, e tante, e tanto più intense e importanti di qualsiasi battaglia o armistizio o quelle cose lì che il cervello registra a eterna memoria e dopo cinque minuti le ha scordate già.

Uno magari conosce al millimetro la conquista della Persia di Alessandro Magno, ma non sa come ha fatto il suo babbo a conquistare la mamma. Uno può elencare le cause e le conseguenze politiche della seconda guerra mondiale, ma non ha idea di come ha fatto suo nonno a sopravvivere mentre la combatteva, né quando ha conosciuto la nonna, e come hanno fatto a rimanere insieme tutta la vita (nel mio caso anche dopo, visto che il nonno tornava dall'Aldilà a chiacchierare e guardarla friggere le patate). Eppure sono queste le nostre storie, sono scritte in minuscolo ma addosso a noi, e senza di loro semplicemente non saremmo qui.

Forse è per questo che da bimbi le amiamo tanto, le storie, perché siamo nati da poco e ci ricordiamo ancora che sono loro ad averci portato al mondo. Poi cresciamo e non ci interessano più, le chiamiamo favole e smettiamo di ascoltarle, mentre ci roviniamo la vita dietro a favole diverse che si intitolano carriera, prestigio, reputazione, fama, potere… dritti e tristi fino all'ultimo giorno, quando salutiamo questo posto per andare chissà dove, e magari facciamo testamento per lasciare in eredità quel che ci è rimasto di tanto sacrificio, ma l'unica cosa che resterà davvero di noi su questa terra è il nostro ricordo nel cuore degli altri, i racconti di quel che abbiamo fatto di bello o di brutto: le nostre storie appunto. Ci hanno fatti nascere e crescere, e ci faranno restare anche un po' quando ce ne saremo andati.

Perché noi siamo le storie, le storie sono tutto.

Le storie sono tutto. Le storie sono tutto. Proprio questo si ripete stasera Erik Pontoppidan davanti al foglio bianco, nella sua camera e in mezzo al Settecento.

La sua penna è lì sospesa nella luce della candela, sopra quel foglio grande e vuoto, leggera eppure carica di meraviglie che pretendono di uscire. Queste meraviglie sono appunto le storie, tantissime, raccolte in una vita a girare e ascoltare le persone. E Pontoppidan esita ancora un attimo, ma stasera ha deciso di scriverle tutte e farle conoscere al mondo.

Lì a Bergen, sulla costa della Norvegia, lui è il vescovo, ma non sa che cento anni prima il suo convento ha ospitato un prete italiano, partito da Ravenna e di passaggio nel suo folle cammino verso Capo Nord. Hanno cercato di convincerlo che la strada era lunga e pericolosa, molto meglio se si fermava lì ad aspettare la primavera. Ma lui è andato avanti, perché dentro aveva tante storie a spingerlo.

La più grande di tutte è gigantesca come il suo protagonista, il misterioso Kraken che domina i mari del nord, ed è la stessa che stasera spinge per uscire dalla penna del vescovo Pontoppidan. Nessuno dei due l'ha mai visto veramente, il Kraken, però l'hanno sentito raccontare in così tante storie, da mille persone serie e sincere che giurano di averlo visto, o di averlo sentito da altri che però l'hanno visto, o che l'hanno sentito da altri ancora, che...

Insomma, i grandi raccontatori sono così, la loro voce è una festa di piazza, dove tante storie si incontrano e si innamorano, si abbracciano e ballano strette fino a diventare una sola, ancor più grandiosa. Nelle loro giravolte raccolgono la realtà dei nostri giorni, e a forza di scuoterla tirano fuori tutto il suo luccichio, la sua meraviglia spropositata che in mesi e anni immobili si era coperta della polvere grigia delle abitudini, e non la vedevi più.

Come Picasso, che un giorno ha preso il sellino di una vecchia bicicletta e l'ha attaccato al muro, poi ci ha appeso sopra il manubrio, ed ecco apparire lì alla parete, essenziale ma perfetta, la testa di un toro. Questo fa il raccontatore, lui riconosce incontri e incastri della vita, prende pezzi di quel che hai sempre avuto intorno e li mette insieme, e in quel momento ti accorgi della bellezza che hai davanti.

Picasso sta nei musei più importanti del mondo, i grandi maestri del racconto li trovi nelle biblioteche, ma tanti altri maghi di quest'arte ti aspettano ancora vivi in mille bar sperduti, nei rifugi in cima ai monti, lungo le strade sperse della campagna, sulle coste deserte in bassa stagione.

E nel piazzale delle case popolari a Pontedera.

Dov'è vissuto uno dei raccontatori più sublimi del pianeta, che si chiamava Luciano Rossi e di mestiere faceva lo spazzino.

Da giovane era stato campione italiano di boxe nei medio-massimi, e unico sopravvissuto al bombardamento di Montecassino. Senza mai salire su un ring o andare in guerra.

Luciano aveva tutto quel che serve a un grande raccontatore: una fantasia sfrenata, una lucidità mentale traballante, che gli permetteva di divagare fino a territori imprevedibili, e una tendenza patologica alla bugia.

E in questo sua moglie Maria, sempre accanto a lui, aveva un compito solo ma fondamentale: quando Luciano preso dalla passione esagerava troppo, e magari diceva: "Quella volta a New York che ho vinto il titolo mondiale...", e qualcuno ribatteva: "Luciano, scusa, ma non era il titolo nazionale?".

"Cosa? No no, mondiale!"

"Ma hai sempre detto nazionale."

"Mondiale! Ho vinto il mondiale!" E a questo punto Luciano si voltava verso sua moglie, e: "Vero, Maria?".

Allora lei, senza guardare nessuno e senza parlare, stanca e rassegnata faceva di sì con la testa una volta sola, e Luciano poteva proseguire.

Così ogni giorno, da sempre e per sempre.

Fino all'ultimo, quando Luciano stava a letto e non la smetteva di parlare di cose astruse e mescolate fra loro, e il dottore diceva che era colpa dell'ictus, ma noi gli abbiamo spiegato che era sempre stato così.

A un certo punto si è zittito, mi ha preso la maglia con la mano ancora forte, l'ha tirata per farmi chinare su di lui, e nell'orecchio mi ha soffiato: "A te lascio il mio epistolario".

Così ha detto, e io pensavo di aver capito male. Non credevo nemmeno che sapesse scrivere, e invece aveva un epistolario? L'ho chiesto alla Maria, lì accanto, e lei per l'ultima volta ha fatto di sì, nella luce ferma del mondo che perdeva uno dei suoi ospiti più grandiosi.

Dopo qualche giorno, l'epistolario era a casa mia. Consisteva in una scatola di latta dei biscotti Plasmon, con dentro due cartoline. Che se pensi all'epistolario di Cicerone per esempio, quasi novecento lettere in un'epoca che si scriveva sulla cera e la pelle degli animali, magari due cartoline non sembrano tante, però la loro qualità è stellare.

Una l'ha spedita da Sanremo, nel 1967, e chissà cos'era andato a farci, ma davanti c'è una foto del mare con un gabbiano, e dietro scrive alla Maria che c'è il sole e sta bene e torna presto, però intanto è diventato molto amico del sindaco, che si ricorda di un suo combattimento da quelle parti e sta pensando a un suo monumento davanti all'ippodromo (che peraltro a Sanremo non c'era).

Ma il capolavoro è l'altra cartolina, che magari nella letteratura orientale ci sono opere altrettanto intense che mi sfuggono, ma in quella occidentale sono abbastanza sicuro che niente è al suo livello. Spedita nel 1944, da un generico "fronte" che non si può dire dove fosse perché davanti non c'è nessuna foto, però dietro Luciano ha raccolto in tre righe cortissime un prodigio di poesia e dramma che io mi sono incorniciato e lo tengo davanti al tavolo dove lavoro, così ogni mattino lo leggo e mi ricordo quanta visionaria meraviglia si può creare con una manciata di parole.

Tre righe all'allora fidanzata Maria, molto meno di un sonetto, meno di un haiku, eppure più di qualsiasi cosa al mondo.

Maria,
vado con le altre
ma penso a te

Così, l'intero viaggio dell'anima umana in tre istanti. Presentazione, conflitto, soluzione. Un bagliore di luce che acceca e subito finisce. La nascita di una stella, una bomba che livella tutto, devasta e seduce.

Infatti la Maria per qualche motivo l'ha conservata, perfetta e protetta nella scatola dei biscotti, mentre Luciano tornava vivo dal fronte dove non aveva combattuto mai, dal letto delle altre con cui era andato ma pensando a lei, e per sessant'anni aveva regalato all'universo altre storie bellissime, giorno dopo giorno fino alla fine del suo secolo.

Ma il vero gioiello di Luciano Rossi risale al 1966, nei giorni dell'alluvione di Firenze. Che si chiama così, ma c'è stata pure a Pontedera, solo che a Firenze ha allagato gli Uffizi, a Pontedera la Piaggio, allora è rimasta meno in mente.

Però alle case popolari se lo ricordano bene, quel giorno che i palazzoni grigi non venivano più su dal cemento ma dall'acqua, chiusi a quadrato intorno al piazzale diventato un lago, scuro e profondo, e le persone bloccate in casa lo fissavano sperse dalle finestre. Si diceva che più in là c'era l'esercito, forse i marines della base americana di Camp Derby, però non veniva nessuno, e nessuno sapeva come andare. E cominciavano a mancare il latte per i bimbi, le medicine per i vecchi, l'elettricità per tutti.

Ma dal nulla, all'ora di pranzo, davanti ai mille occhi dei condomini affacciati alle finestre, qualcosa fa increspare l'acqua del lago. È Luciano, che ha preso due grossi fusti vuoti di cherosene, ci ha legato delle corde intorno e si è costruito una zattera. La spinge con un palo, si muove verso l'orizzonte misterioso e si lascia alle spalle la sua casa, la terraferma, i mille commenti spietati che ti si possono rovesciare addosso in un momento del genere, da un condominio intero nel cuore della Toscana.

Luciano però non li sente, lui pensa solo all'orizzonte e in quello sparisce, così a lungo che tranne la Maria ognuno se lo scorda. Fino a quando, verso sera, avvistano un puntino laggiù. È Luciano che torna sulla zattera, ma ora la spinge con fatica perché là dietro traina un grosso canotto, pieno di roba.

Latte, pane, pannolini, medicine. Li porta lui, li porta a tutti. E davanti agli occhi sbarrati e felici, davanti alle urla e agli applausi delle famiglie che gli vivono intorno, c'è bisogno che Luciano dica nulla? No, certo che no, deve solo allargare le braccia e raccogliere il trionfo, e soffiare un "Prendete e mangiatene tutti" mentre salva il loro destino. Perché sta lì in mezzo come Gesù sul lago di Tiberiade, e invece di camminare sulle acque resta in equilibrio su due fusti di cherosene, ma il resto è uguale.

Però Luciano non è il Messia, Luciano è un grande raccontatore, e allora non può chiuderla così. Ferma la zattera, e davanti al fitto teatro delle finestre e delle orecchie spalancate, agita il dito nell'aria e grida:

"Non mi volevano dare nulla!".

Le sue parole rimbombano tra i palazzi, ammutoliti.

"Nulla di nulla! Mi hanno proprio detto: 'Ma cosa vuoi, questa roba la teniamo per il sindaco e i preti, non c'è nulla per voi poveri delle case popolari!'. Poi però, ho sentito una voce che mi chiamava. Una voce straniera, americana. Era un marine, un americano tutto nero, che mi urlava: 'Lùcien! Lùcien!'. Che vuol dire Luciano in americano. Mi aveva riconosciuto: gli avevo salvato la vita nel bombardamento di Montecassino! Sventolava una fotografia, era un bimbo nero come lui, che sorrideva: 'Questo essere mio figlio, l'ho chiamato Lùcien come te, perché è nato per merito tuo! Prendi tutta questa roba, my friend, e portala alle persone che ami!'."

Così ha raccontato Luciano, e su Pontedera ma forse sul mondo intero si è steso un immenso momento di silenzio. Un momento solo, per fare da base a un applauso tanto poderoso che Luciano giura di essersi retto alla zattera, perché il frastuono del pubblico impazzito aveva mosso l'acqua del lago e l'aveva riempita di vortici e onde.

E magari uno non ci crede, e pensa che sia impossibile, ma il fatto è che insieme alle mani umane dei palazzi, dal fondo scuro del lago lo applaudiva una creatura prodigiosa, con tre cuori a mandare in circolo un sangue che è blu e adesso ribolliva per lui: il calamaro gigante, il Kraken delle leggende, batteva tra loro i suoi tentacoli smisurati. Tutti tranne uno, che invece ha allungato in superficie, a spingere delicatamente Luciano verso casa, verso Maria e verso la fine della sua storia favolosa.

L'applauso invece non finisce mai. Solo si spande all'orizzonte, nello spazio e nel tempo, liscio e pieno come il rumore della pioggia quando cade sui tetti, sugli alberi e su noi.

La pioggia che stasera bagna la costa norvegese, e Pontoppidan la sente bene perché la finestra alle sue spalle si è appena aperta. Da lì entra il tentacolo, scivola fino alla scrivania e sfiora la penna del vescovo come ha fatto con la zattera di Luciano Rossi. Duecento anni prima e dall'altra parte del mondo, eppure è lo stesso momento, lo stesso posto, la stessa spinta leggera ma irresistibile.

La stessa che mi ha fatto divagare così tanto, alla deriva tra case popolari nella piana pisana, campionati dei medio-massimi, tronchi di nespolo simili a carabinieri e ippodromi della riviera ligure. Ma forse è giusto così, la deriva, la perdita di una rotta breve e precisa è la nascita delle storie. Se dopo la guerra di Troia Ulisse fosse tornato dritto a Itaca, l'Odissea sarebbe tre pagine appena, di una noia letale.

Invece, tra sirene e maghe innamorate e giganti con un occhio solo, è un ritorno che dà senso a una vita, così come noi siamo tornati in Norvegia, da Pontoppidan che deve raccontare la sua, e adesso giuro che andiamo avanti dritti con lui.

Dritti, o dovunque ci portino i venti e le correnti e le passioni, tutto quello che per fortuna è più grande e più forte di quel che vogliamo noi.

5.
Figli delle storie

Allora, eccoci tornati da Pontoppidan, seduto alla scrivania mentre fuori piove, e dalla finestra alle sue spalle un tentacolo gigante striscia fino a lui, per spingere la sua penna sul foglio bianco. E di questa spinta, stasera il vescovo ha parecchio bisogno.

Tanta fatica, tanto studio attento e un pezzo grande della sua vita spesi a completare la *Storia naturale della Norvegia*, dove ha elencato e descritto scrupolosamente ogni animale, pianta e minerale che si trova in quelle terre estreme, e ora che è arrivato alla fine – alla sezione undicesima dell'ottavo capitolo – da giorni non riesce ad andare avanti. Perché queste sono le pagine più importanti, e Pontoppidan sa che se non le scrive, se fa finta di niente come hanno fatto gli altri e chiude qui la sua opera, tutto andrà liscio. Se invece aggiunge alle mille creature raccontate finora quella che ha ancora in mente, tutti rideranno del suo lavoro e di lui.

Ma stasera, finalmente, il vescovo ha scelto. Anzi, non è una scelta, le scelte d'amore non esistono, l'amore vero non ti lascia scelta, si fa come dice lui e basta, contro tutto e tutti. E Pontoppidan è nato troppo presto per conoscere Luciano Rossi, troppo tardi per don Francesco Negri, eppure sono tre fratelli. Sono figli delle stesse storie, e lo stesso amore li spinge, lo stesso tentacolo gigante muove la sua penna, che inizia a danzare sul foglio.

È giusto così, il nome *calamaro* viene proprio dal calamaio, dal fatto che il suo corpo contiene tanto inchiostro nero, e una conchiglia allungata che si chiama *penna* perché ha la forma del pennino che in quell'inchiostro si inzuppa. Insomma, il calamaro è una penna vivente, in lui c'è tutto il necessario per scrivere qualcosa di importante: una punta precisa, un inchiostro eterno, e l'amore per stenderlo bene sulla carta.

L'amore è la chiave che spalanca la porta ai sentimenti. A tutti, purtroppo. Solo l'amore ti fa felice davvero, solo l'amore ti fa soffrire fino in fondo.

Infatti Pontoppidan ha sofferto un sacco quando finalmente ha potuto mettere le mani sulla nuova edizione del *Systema Naturae*, il libro con cui il veneratissimo professore Carlo Linneo ha preso la Natura, la Natura tutta quanta, e ha dato un nome a ogni cosa, classificando il mondo intero. Ha creato gruppi, ha messo insieme certi esseri e ne ha separati altri, ha stabilito un ordine e una gerarchia. Insomma, Linneo ha deciso cosa sei, come ti chiami e dove stai nel grande libro della vita. Se invece in questo libro non ti nomina, allora tu non esisti.

Per questo Pontoppidan ha sofferto tanto, quando ha aperto quel libro prezioso, l'ha sfogliato fino alla fine e non ci ha trovato il Kraken.

Niente. Nemmeno un accenno. Nella prima edizione c'era, poi Linneo ha deciso di farlo sparire dalla lista. Non certo per accorciarla, visto che la prima edizione era un opuscolo di undici pagine, l'ultima ne occuperà tremila. Sembra invece che abbia seguito il consiglio di un suo collaboratore, Peter Artedi, che gli ricordava la mancanza di prove certe, di dati che si potessero esaminare e misurare: "Stia attento, professore, sia prudente, non faccia passi avventati...".

E così, in nome della cautela e della precisione, Linneo ha tolto dal libro che raccoglie tutti gli esseri del pianeta proprio uno dei più grandi. E Artedi, che gli ripeteva: "Stia attento, professore, sia prudente, non faccia passi avventati...", una sera in Olanda non ha badato a dove metteva i piedi, è caduto in un canale e addio.

La razionalità è così, un orizzonte vasto e luminoso, a cui però si accede da un passaggio strettissimo, una specie di casello dove si esamina, si seleziona, si esclude. Darsi limiti rigidi e precisi è il suo vantaggio e la sua forza. Ma un limite è proprio quello che il Creatore non conosce, quindi per studiare la sua opera dobbiamo perderli anche noi, e reggerci come possiamo alla zattera traballante dell'immaginazione, che in qualche modo ci tiene a galla nel mare aperto dove non si tocca, non si classifica, non si misura.

Proprio lì ha deciso di tuffarsi stanotte Erik Pontoppidan, e quella creatura portentosa che secondo Linneo non esiste, lui la descriverà in pagine e pagine piene di circostanze e dettagli.

Li ha raccolti in tanti anni di viaggi ufficiali nella sua diocesi, lunghe peregrinazioni dove il tempo vuoto è superiore agli impegni. Non deve nemmeno chiedere, sono i fedeli a correre da lui, sconvolti dopo aver visto nel mare qualcosa di impossibile, e prima di tornare tra le onde vogliono la sua benedizione. Pescatori, marinai, gente che in acqua passa la vita e spesso ce la perde, e che la conosce meglio di qualsiasi studioso. Eppure per gli studiosi i loro racconti non valgono nulla, non li ascoltano nemmeno, dicono che sono "solo storie".

Solo storie? Ma come si fa a mettere *solo* davanti alle storie?

È come se uno arriva a casa, la trova avvolta nelle fiamme di un incendio, e tu gli dici: "Vabbè, che ti importa, dentro c'è *solo* la tua mamma".

Le storie sono tanto, sono tutto. Se non ci sono le storie non c'è più niente.

È quello che ho detto anche l'altro giorno alla signora Franca, che è la mia vicina di casa e ha ottant'anni, e aveva dei pensieri perché non è più sicura di amare il suo fidanzato.

La vedevo che non era la stessa, sorrideva meno e storto, e da una settimana non mi portava il purè di patate che di solito cucina un giorno sì e uno no.

Dopo tanti anni da vedova, la scorsa primavera con Sergio era rinata. Si erano conosciuti a un ballo del Filo d'Argento, entrambi c'erano andati perché obbligati dai figli, così magari facevano amicizia e passavano una bella giornata. Ma loro non avevano ballato, si erano ritrovati su due sedie vicine, e si erano innamorati prendendo in giro tutti quei vecchi lì davanti che ballavano male.

Un amore vero, fortissimo, di quelli che la gente chiama "da ragazzi", ma solo perché non ha la fortuna di incontrarlo più in là nella vita. La signora Franca invece sì, un anno di meraviglia e cuore che batte di nuovo. Adesso però non era più sicura di amarlo così tanto. E ci soffriva.

Ma parecchio, perché se vieni a chiedere pareri amorosi a me, vuol dire che sei messo proprio male. Però stavolta la sapevo, la risposta a chi ha dubbi sul proprio amore per qualcuno. È chiara e semplice, e in realtà è una domanda:

Hai ancora voglia di raccontargli delle storie?

Storie su quel che fai, che pensi, che hai visto o sentito. È così che capisci se siete ancora innamorati. Non da quanto spesso fate l'amore o dai regalini che vi scambiate, ma dalle storie che vi raccontate. L'amore è un bisogno urgente di raccontare, di ascoltare, di condividere e mescolare tutto quello che vivete, che avete fatto dal primo giorno di asilo fino a oggi, ogni cosa ha senso solo adesso che siete insieme e potete raccontarvela.

Se invece tornate dal lavoro e vi chiedete com'è andata, e

tu rispondi *bene* e lei risponde *bene*, è arrivato il momento di stringervi la mano, augurarvi buona fortuna e ognuno per sé. Perché se invece vi amate, tu le mandi un messaggio dall'ufficio per dirle che c'è un collega nuovo, uno che è il sosia spiccicato di Mussolini. Lei ride, vuol sapere tutto, e il giorno dopo Mussolini avrà delle scarpe assurde, e tu proverai a fotografarle di nascosto per fargliele vedere, e lei per definire quelle scarpe userà un aggettivo che ti fa impazzire, uno che solo lei poteva trovare, e...

E insomma, secondo me l'amore è questa cosa qui. Non mazzi di rose, cene raffinate, pupazzetti e poesie: l'amore sono le storie.

L'amore tra amanti, ma pure tra amici, e per i figli.

Quando tuo figlio guarda le rondini in volo e ti chiede come mai quest'inverno non c'erano, se gli rispondi: "Perché è primavera" e gli metti il telefono in mano così non ti disturba, devono arrivare gli assistenti sociali e portartelo via. Perché sei come quelli che i figli li prendono a schiaffi. È uno schiaffo diverso, ma fa un sacco di danni. Invece glielo devi raccontare bene, che le rondini quando sentono freddo vanno in Nord Africa, che è lontanissimo e noi nemmeno col navigatore lo sappiamo trovare, il Nord Africa, mentre le rondini ci arrivano precise perché nella testa hanno una bussola naturale che le guida. E a primavera tornano a fare il nido sopra la porta di casa vostra, ma non sono le rondini in generale, è proprio quella rondine dell'anno scorso, che parte dall'Africa e torna da te. Glielo devi raccontare, a tuo figlio, e meglio che puoi, per fargli capire che culo ha avuto a nascere su questo pianeta pazzesco.

Lo può capire solo così, in braccio alle storie, che ti prendono e ti portano su, più in alto dello schermetto del telefono, dei palazzi grigi, di sale d'aspetto e supermercati, scoperchiandoti davanti l'orizzonte smisurato dove volano le rondini e puoi volare anche tu.

È questo l'orizzonte che vede Pontoppidan, grazie alle storie che gli raccontano tanti fedeli lungo la costa. E stasera tocca a lui prenderle tutte, metterle insieme e raccontare al mondo intero il "terzo e indubbiamente il più grande mostro marino del mondo".

Il terzo, sì, perché in uno slancio di generosità ha già sostenuto l'esistenza degli enormi serpenti marini e delle sirene, sia femmine che maschi. Ma adesso appunto tocca al Kraken, o Kraxen, o Krabben, e per la natura misteriosa e le caratteristiche della bestia, il resoconto non potrà che essere "ben lontano dalla perfezione, lacunoso, e con l'intenzione di stuzzicare più che di saziare la curiosità del lettore".

Del resto, "nessuno degli autori stranieri, antichi e moderni, che ho avuto l'opportunità di consultare in materia sembra sapere molto di questa creatura," premette Pontoppidan, ma solo perché il vescovo non ha avuto l'opportunità di leggere il diario di viaggio di don Negri. Che lo chiamava Sciu-Crak, ma entrambi lo descrivono come "tondeggiante, piatto, e pieno di braccia, o rami... che in realtà sono tentacoli".

Secondo il vescovo, appartiene alla famiglia dei polpi o delle stelle marine, ma le sue dimensioni sono sconcertanti: tutte le fonti concordano sul fatto che la sua circonferenza è di almeno due chilometri, e "alcuni sostengono che in realtà sia molto più grande ancora, ma io per stare sicuro preferisco attenermi alla stima minima".

È per questa sua enormità che a volte gli capita di affondare una barca o due, ma senza cattiveria e anzi senza accorgersene: il Kraken si sposta pensando ai fatti suoi, ma in questo modo crea vortici capaci di risucchiare vascelli e navi da guerra che sfortunatamente passano di lì.

Di suo però non è cattivo, è solo molto grande, tanto più grande di noi che non ci considera, ci può uccidere senza nemmeno farci caso.

Come una ragazzina che stava in classe con me alle medie, si chiamava Sara e la conoscevo da un sacco perché andavamo insieme al catechismo. Era brava a scuola e simpatica pure un po', anche se non parlava tantissimo. E dicono che la scuola ti fa crescere, però a lei un giorno la scuola l'ha quasi ammazzata. In seconda media, la mattina che la professoressa di scienze ci ha spiegato il meraviglioso mondo delle formiche.

Che sono tante e piccole e molte volte noi non ci pensiamo nemmeno, ma i formicai sono delle costruzioni geniali e dentro hanno dei sistemi per portarli avanti che noi in confronto siamo clamorosamente disorganizzati. E non dico noi in Italia, che ci vuole poco, ma noi umani in generale, anche quelli dei posti là in alto che sono più portati a fare le cose con ordine. Ecco, pure loro fanno ridere, in confronto alle formiche.

E da quella mattina, Sara è andata fuori di testa. Perché si è fissata sulle formiche, le mosche, le cimici, i tarli e tutte quelle creature fenomenali che non consideriamo solo per un discorso di dimensioni. Infatti se uno esce di casa con la macchina e schiaccia un gatto o un cane, si ferma e si dispera e ci piange un sacco, mentre ogni momento già solo camminando schiacciamo chissà quante formiche e altri insetti, senza farci nemmeno caso.

E da quel giorno, Sara ci ha fatto caso. Tanto, troppo. Non riusciva più a muoversi, nel timore di fare male a qualche piccolo animale. E quando sua madre, tentando di aiutarla, le ha fatto notare che ogni cosa è coperta di milioni e milioni di microbi invisibili, e quindi per non ucciderli non dovremmo più toccare nulla, ha ottenuto il risultato opposto, e Sara per non avere microbi sulla coscienza ha smesso di alzarsi dal letto.

Per tutta la seconda media in classe non si è più vista, e nemmeno l'anno dopo, e Mara la bidella diceva che stava in una clinica. Chissà che tipo di clinica, forse una dove ti insegnano a far male alle formiche, non lo so. Però adesso è sposata e ha due figli, quindi a un certo punto ha deciso di vivere, a costo di uccidere qualche insetto e microbo, e la capisco. Ma capisco pure il Kraken, che siccome in mare le cliniche non esistono, e probabilmente ha tante cose da fare, si muove come gli pare e non sta troppo attento a noi, che siamo per lui formiche.

Ed è così enorme che quando sale in superficie, come ama fare nelle giornate serene col mare calmo, non sembra un animale ma un luogo.

Ecco come si spiegano per Pontoppidan i tanti avvistamenti di isole misteriose, che appaiono e scompaiono in quei mari confondendo i naviganti e i disegnatori di mappe. C'è chi pensa siano scherzi del Diavolo, che ama tormentare l'umanità ovunque, in terra e in mare, ma in realtà quel diavolo è il Kraken, e quelle isole sono i suoi tentacoli affioranti dall'acqua. Poi decide di tornare nella sua casa di abisso, e le isole spariscono insieme a lui lasciando gorghi e una schiuma nera, e noi umani minuscoli, scossi, sperduti.

Anche Pontoppidan ogni tanto si perde, tra le tante storie di marinai e pescatori, tra le loro voci ruvide e profonde come i segni che portano sul viso, e quelli che gli mostrano sulle loro sacche fatte di pelle di balena: cicatrici rotonde e nette, innegabili davanti lui, con la forma di tante ventose micidiali, grandi come la testa di un uomo.

E poi testimonianze di ufficiali, di mercanti, di altri prelati come il reverendo Friis, ministro di Bodø in Norvegia, il quale racconta di un esemplare ("probabilmente giovane e incauto") che nel 1860 si è avvicinato troppo alla costa, le sue braccia si sono incastrate fra i rami degli alberi lungo un canale e lui è morto lì, bloccando il canale per giorni col suo corpo prodigioso.

Questo è successo davanti agli occhi di Friis, e tanto altro davanti alle orecchie del vescovo Pontoppidan. Che per anni e anni ha fatto la cosa più intelligente e umile che si possa fare per imparare qualcosa: ha ascoltato. Ministri della fede e pescatori, marinai e viaggiatori, notai e scaricatori, per una vita ha seguito le loro storie e ci ha riempito quaderni su quaderni. Così stasera, mentre gli altri studiosi evitano persino di nominarla, Pontoppidan ci regala una descrizione attenta e accurata di questa creatura enorme, tonda e piena di tentacoli coperti di ventose, che vive negli abissi e sparisce lasciandosi dietro una sostanza densa che annerisce il mare: insomma, senza saperlo bene nemmeno lui, il vescovo sta rivelando al mondo l'aspetto di uno dei suoi prodigi più clamorosi, il calamaro gigante.

E il mondo, per ringraziarlo, scoppierà a ridere.

Tanto, e per tanto tempo. Ma non è un problema. Il calamaro là in fondo al mare non sente queste risate, e a Pontoppidan dispiace, certo, ma non per sé. Gli dispiace per Dio, perché ogni volta che una creatura ci sembra troppo favolosa per esistere è un'offesa che facciamo al Creatore. Ma soprattutto gli dispiace per quelli che ridono, perché una vita senza credere a nulla che vada più in là di quel che vedi e tocchi dev'essere proprio tanto triste.

Infatti, dopo aver riso, chiudono il discorso dicendo che se un animale così grande esistesse, lo vedremmo bene e molto spesso, mentre questo Kraken non lo vediamo mai. Ma quel che non capiscono è proprio questo: che se non lo incontriamo, è perché lui ci evita.

Come noi evitiamo gli inviti a cena della gente noiosa, che sa solo parlare del tempo delle tasse delle macchine e altre briciole secche di vita. Così siamo noi per il Kraken, per l'enorme meraviglia del calamaro gigante.

Lui vive nei fondali favolosi e inesplorati, può viaggiare da un continente all'altro in mezzo a mille spettacoli emozionanti, perché dovrebbe perdere tempo con noi, così piccoli e prudenti e noiosi, che crediamo solo alle due o tre cosette che vediamo, e stiamo lì fissi a misurare tutti gobbi e precisi?

No no, a stare con noi non ci pensa proprio. E se ogni tanto si avvicina è giusto per fare uno scherzo, spunta dall'acqua, fa prendere uno spavento a qualcuno e schizza via. Come i ragazzi certe sere che in giro non c'è nulla da fare, allora si mettono a suonare i campanelli e scappano ridendo.

Altre volte invece, più rare, il calamaro gigante sente che qualcosa di speciale può capitare pure intorno a noi. Allora ci accosta, e accompagna il viaggio avventuroso di don Negri fino a Capo Nord, le ricerche di Pontoppidan lungo le coste della sua diocesi, il ritorno glorioso di Luciano Rossi sulla zattera della sua storia.

Le storie si muovono insieme a noi, in cima al mondo e in fondo al mare e dappertutto. Si scrivono minuscole, ma sono come le formiche: piccole ma insieme diventano meraviglie. Sono tanto strane, sono tanto belle, tutte uguali e ognuna irripetibile.

Le storie siamo noi. Le storie siamo noi.

6.

Pessimi amici, formidabili becchini

Adesso però dobbiamo fermarci un attimo.

Tanto in mare non si sta mai fermi veramente. Se smetti di andare, il vento e la corrente ti portano dove vogliono loro. In braccio a forze tanto più grandi di noi, senza una direzione precisa, rischiando così di arrivare da qualche parte.

E comunque non c'è scelta, dobbiamo fermarci un attimo, e ammettere che prima abbiamo detto una grande bugia.

E nelle bugie non c'è niente di male, anzi sono necessarie. Senza le api il mondo finirebbe in poco tempo, senza ossigeno nell'aria moriremmo tutti in mezzo minuto, ma senza le bugie dureremmo ancora meno. Il giorno che il genere umano deciderà di non dirne più, meglio tuffarsi subito da un palazzo o sotto un treno, perché da lì a pochi secondi saremo a scannarci coi sassi e le clave. La società umana è un grande tempio, costruito nei millenni e pieno di decorazioni fino al cielo, ma si regge su poderose fondamenta di bugie.

Sono loro che ci tengono in coda alla cassa del supermercato, che ci fanno obbedire a superiori, vigili e maestri, e ci buttano giù dal letto la mattina presto per andare al lavoro. Sono loro che tengono due persone sedute allo stesso tavolo a conversare di cibi e vini, invece di saltarsi subito addosso per fare l'amore o piantarsi un coltello in gola.

Le bugie tengono insieme il vivere civile e anche il cuore

di ognuno di noi, il nostro povero cuore strapazzato, che altrimenti a forza di spezzarsi sarebbe polvere e buonanotte. Invece ogni volta il cuore si salva, proprio perché riesce a credere a bugie pietose tipo “Non sei tu, sono io,” o “Non mi sento pronto a impegnarmi,” o “Tu sei troppo per me, non ti merito, e allora me ne vado”.

Sembra impossibile bersi parole del genere, eppure quando siamo veramente disperati ci riusciamo. Come la mia zia Gilda, che aveva le gambe grosse e dure tipo due tronchi di pino, e per andare dalla cucina al bagno ci metteva un pomeriggio. Un giorno però attraversava il piazzale della chiesa, un cane lupo ha scavalcato un cancello e le è corso addosso colla bocca aperta e piena di zanne, allora la zia Gilda è scattata verso un platano e c’è saltata sopra, giuro, fino al ramo più alto lassù: diventiamo capaci di tutto, quando c’è di mezzo la sopravvivenza. Ci arrampichiamo come scoiattoli indiavolati, e crediamo alle bugie più assurde.

Come quella che abbiamo detto prima, e però adesso dobbiamo fermarci e tornarci un attimo sopra. Parlavamo dei dinosauri, che sono esistiti davvero sulla Terra, un fatto importante e clamoroso che non dovremmo scordare mai. Ma appunto è una bugia: non è vero che sono esistiti, i dinosauri esistono ancora.

Ce n’è uno che ha fatto lo slalom tra i meteoriti, gli schizzi di lava, i crepacci spalancati dai terremoti e i mille altri disastri che si sono portati via quasi tutti gli animali nella grande estinzione di massa della fine del Cretaceo. Lui no, lui è scampato a quei tempi durissimi e ancora oggi, dopo tanti milioni di anni, è vivo e sguazza felice nel mare.

Assurdo, folle, impossibile. L’ha pensato pure il capitano Goosen, al largo del Sudafrica, la sera del 23 dicembre del 1938.

Tornava da un giorno di pesca particolarmente scarognato, e prima di rientrare in porto aveva deciso di calare le reti davanti alla foce del fiume Chalumna. Così, tanto per andare a letto dicendosi che le aveva provate tutte. E quando le ha tirate su, ci ha trovato dentro una tonnellata e mezzo di pesci assortiti e due tonnellate di squali.

Ma non è questa la cosa strana. Le cifre della pesca industriale all'epoca erano quelle, e oggi sono ancora più spaventose. Certi pescherecci sono ormai industrie galleggianti, dove il pesce viene pescato in quantità vertiginose, pulito e conservato a bordo, e ogni anno il pescato mondiale sfiora i duecento milioni di tonnellate.

La cosa strana è invece la creatura che trovano là in fondo. Un grosso pesce blu sugli otto chili, tozzo e corazzato, che sembra fatto di pietra. Infatti tutto il peso che aveva addosso non l'ha schiacciato, anzi è ancora vivo, il capitano lo scopre quando prova ad agguantarlo e un morso quasi gli strappa le dita.

Ma alla fine riesce a infilarlo in un sacco, e appena arrivato in porto chiama la signorina Latimer, la ragazza minuta che lavora al museo locale.

Fin da bambina appassionata di uccelli e fiori, a vent'anni Marjorie ha perso l'amore della sua vita, e ha deciso che tutta la sua passione l'avrebbe dedicata agli animali. Stava per diplomarsi infermiera, ma le è arrivata voce che al museo cercavano una persona, si è presentata e l'hanno assunta al volo, perché nessuno conosce come lei le smisurate meraviglie della natura.

Certo, l'assortimento del museo non è altrettanto smisurato. L'eventuale visitatore può ammirare sei uccelli feriti, un maialino con sei zampe in un barattolo di formaldeide, vecchie foto della cittadina e alcune stampe delle guerre dei coloni contro gli indigeni Xhosa. Ma lei è determinata e piena di entusiasmo, e si raccomanda sempre coi pescatori di chiamarla, se gli capita di tirare su qualcosa di interessante.

Alla telefonata del capitano Goosen, Marjorie corre al porto – in taxi perché non sa guidare – prende questo bestione lungo un metro e mezzo, e una volta ripulito da vari strati di patina viscida e alghe marce si trova in braccio "il pesce più stupendo che avessi mai visto".

Non è altrettanto entusiasta il tassista, che si rifiuta di caricarlo a bordo, ma lei non accetta discussioni, lo infila sul sedile posteriore e via verso il museo, per studiarlo e poi esporlo da qualche parte nel tanto spazio vuoto, con una bella targa che spiega cos'è.

Solo che Marjorie proprio non lo sa, questo pesce cos'è.

Allora chiede aiuto al professor J.L.B. Smith, che è un suo amico e insegna alla vicina Rhode University. In realtà è assistente di chimica, ma grande appassionato di ittiologia, e verrebbe di corsa ma è via per lavoro e ci vorrà qualche giorno. Intanto il pesce misterioso rischia di marcire, allora Marjorie disperata si presenta all'obitorio, da dove la scacciano dandole della pazza, poi per fortuna trova un signore che di secondo lavoro fa il tassidermista e lo può imbalsamare. E così, quando finalmente il professor Smith arriva, riesce a esaminarlo con calma per dare il suo verdetto.

Ma il problema è che questa creatura non l'ha mai vista nemmeno lui.

Cioè, sì, però solo in quelle prodigiose cartoline di pietra che ogni tanto ci arrivano dal passato profondo, e chiamiamo fossili. Il professore infatti guarda il pesce blu, lo riguarda e lo guarda ancora, e quando l'ha guardato proprio bene comincia a guardarlo un'altra volta. Ma alla fine deve farsi forza e dirlo, che il peschereccio del capitano Goosen ha pescato un Celacanto.

Il Celacanto che viveva ai tempi dei dinosauri, e insieme a loro si è estinto, sessantacinque milioni di anni fa.

Fino a ora, che l'hanno trovato dei pescatori, l'ha imbalsamato un tassidermista part-time, l'hanno identificato una ragazza di un piccolo museo di provincia e un suo amico con l'hobby dell'ittiologia.

Continuano a rigirarlo di qua e di là, lo misurano, lo studiano. Ma stanno maneggiando la follia, un profugo fuggito dal fondo della Preistoria e schizzato fin qui con la macchina del tempo.

Ha la pelle corazzata di scaglie dure come pietra, e grosse pinne pettorali e anali sostenute da ossa che ricordano l'omero e il femore, accenni di zampe che ha usato 380 milioni di anni fa, quando nel suo lungo cammino l'evoluzione è arrivata a un bivio, un certo numero di vertebrati ha deciso di continuare dritto in mare fino a trasformarsi nei pesci di oggi, altri invece con quelle zampe si sono arrampicati sulla terraferma per poi diventare anfibi, rettili, uccelli, mammiferi e noi.

O almeno, così si pensava. Era tutto chiaro e preciso, spiegato e incastrato perfettamente nel meccanismo che ci eravamo disegnati. E poi, stasera, questo scarabocchio tozzo e blu salta fuori dall'oceano a incasinare tutto.

E allora, mentre Smith e Latimer spalancano gli occhi, con la stessa forza tanti altri studiosi scuotono la testa: no, non può essere così, e quindi così non è. Già il direttore del museo cerca di smontare il loro sogno, e di salvare la carriera universitaria di Smith: "Doc, ma cosa ti viene in mente? Non posso stare qui a guardare mentre distruggi la tua credibilità scientifica". Perché questo non è un Celacanto, non può esserlo, è qualcos'altro.

E loro due: "Bene, ma allora cos'è?".

"Be', è… insomma, è chiaramente un… ecco, è un Rock Cod, uno di quei pesci tozzi che vivono tra gli scogli, è lui."

"Ah sì? Ma la coda per esempio è diversa."

"Certo, perché... perché questo esemplare da piccolo se l'è mozzata in qualche modo, poi si è rigenerata così."

"Bene. Però oltre alla coda è diversa la forma del corpo, è diverso il colore. Insomma, non c'entra proprio nulla. Sicuro che è un Rock Cod?"

"Sì. Cioè, insomma, non al cento per cento, ma è sicuro che non è un Celacanto. Un Celacanto vivo, oggi, via... è incredibile, è impossibile, è..."

"Sì, va bene, però è qui," rispondono Marjorie e il professor Smith.

Ma il direttore continua a scuotere la testa, e con lui la maggior parte degli studiosi. Soprattutto i paleontologi, che hanno speso tanti anni e centinaia di saggi e conferenze per spiegare in che epoca si è estinto e per quali motivi, con un'evidenza scientifica che va oltre ogni dubbio, e...

Sì, va bene, però è qui.

Ed è perfetto, integro, reale. Un fossile vivente, ce l'hanno davanti agli occhi, eppure in tanti non lo vedono. Perché è "troppo improbabile" per essere accettato.

E purtroppo è tardi per sentire la voce dolce ma inesorabile del più grande cacciatore di fossili al mondo, il pioniere che da solo ha cambiato la storia della Terra. È una voce di donna, si chiamava Mary Anning, e la sua vita è la dimostrazione più chiara e appassionata del fatto che niente al mondo è "troppo improbabile" per essere vero.

Lei lo ha capito subito. Aveva un anno appena, eppure le sembra di ricordare tutte quelle facce in cerchio là sopra, che la guardavano stesa sull'erba e dicevano: "No, è impossibile, è impossibile!".

Un attimo prima, Mary stava all'ombra di un grande olmo, in braccio a un'amica della mamma e con un'altra donna, a guardare uno spettacolo di cavalli in mezzo a un campo. Poi, come un fulmine a ciel sereno, dal cielo sereno è arrivato appunto un fulmine, dritto sull'albero e su loro. Le due donne sono morte sul colpo, figuriamoci la bimba.

Lì minuscola e stesa nel campo, occhi chiusi, cuore spento. Una tragedia, ma meno clamorosa di oggi: è appena iniziato l'Ottocento, e in Gran Bretagna la metà dei bambini muore prima dei cinque anni.

Infatti lei si chiama Mary in ricordo di una sorella che a quattro anni metteva legna sul fuoco ed è bruciata viva, ma se i suoi genitori avessero voluto onorare tutti i figli volati in cielo, Mary avrebbe un nome lungo un chilometro: ne hanno messi al mondo dieci, e gli unici a durare sono stati lei e suo fratello Joseph.

Anzi, adesso pure Mary se l'è portata via un fulmine.

Ma mentre genitori e parenti si preparano a piangere un'altra anima innocente, Mary apre gli occhi. Vede le facce lassù in tondo che la guardano, allarga le braccia, sorride. E loro gridano, ringraziano il Signore, ma soprattutto la indicano e ripetono, adesso e per tutta la sua vita ogni volta che la vedranno passare: "Impossibile, impossibile, impossibile!".

Eppure Mary è viva, e quella scossa invece di incenerirla le ha regalato un carattere elettrico e impetuoso, che le sarà tanto utile tra le mille difficoltà del suo destino: la famiglia è poverissima, il padre fa il falegname ma arrotonda andando in cerca di fossili sulle scogliere lì a Lyme Regis, sulla costa del Dorset. All'epoca non era chiaro cosa fossero quelle figure nella roccia, e nel dubbio lui le vende per qualche soldo ai turisti di passo, come oggi le palle con la neve e le calamite da attaccare al frigo. Ma quando Mary ha undici anni il padre muore di tubercolosi, e ai fossili-souvenir devono pensarci lei e suo fratello.

Ormai è chiaro che da quelle parti morire è più facile che starnutire, ma lo è ancor di più sotto le scogliere a strapiombo, d'inverno, quando le tempeste e le mareggiate le fanno franare giù nell'oceano infuriato. Ma sono proprio quelli i momenti giusti per trovare i fossili, allora Mary e Joseph sperano che le frane scoprano i tesori là sotto, senza ricoprire per sempre loro due.

E così, un po' per fame e un po' per gioco, due bambini iniziano una serie di scoperte che cambieranno per sempre la storia del nostro pianeta.

Perché dovrebbero raccogliere fossili piccoli e carini, di conchiglie e paguri, granchietti, foglioline pietrificate e altre curiosità che il turista può pagare un soldo e mettersi in tasca. Mary invece ha dodici anni quando trovano il teschio e poi lo scheletro completo di una bestia che lì per lì sembra un coccodrillo, però enorme e con almeno duecento denti nella bocca, la testa appuntita e le pinne come i delfini, la spina dorsale dei pesci ma il torace di una lucertola.

È un ittiosauro, che viveva in mare e poteva superare i venti metri di lunghezza. Ma loro non lo sanno, nessuno sa che è esistito: il primo esemplare al mondo l'hanno trovato due bimbi che cercavano fossili di conchiglie e granchietti, intatto e intero dopo 175 milioni di anni.

Questo però non si incastra con le convinzioni del tempo, dominate dal Creazionismo: la Terra è sempre stata com'è oggi, Dio l'ha creata quattromila anni fa, e le sue creature non possono estinguersi né cambiare, altrimenti vorrebbe dire che il Signore ha sbagliato qualcosa. Quel che vediamo oggi in giro è quel che c'è sempre stato e sempre ci sarà.

Però i fossili che cominciano a saltare fuori sono sempre di più, e le spiegazioni sempre meno. Allora si concede che queste creature bizzarre fossero dei tentativi, dei modelli che Dio ha provato così, come campioni, per poi lasciarli perdere. Oppure degli scherzi, per passare il tempo libero che comunque, quando sei eterno, deve essere parecchio.

Sia come sia, se la storia del nostro pianeta si arricchisce tanto, il merito è di Mary. Suo fratello ha mollato questo lavoro ingrato e rischioso per diventare tappezziere, lei invece continua con la sola compagnia della sua pala e del piccolo

Tray, l'amato cagnolino bianco e nero. Utilissimo, perché quando Mary ha riempito un cesto di reperti e va a prenderne un altro, lui resta lì a segnalare il punto preciso, intrepido e immancabile. O almeno immancabile fino a una notte di tempesta del 1833, quando la costa crolla all'improvviso su di loro e Mary si salva per miracolo. Ma due miracoli in una notte sono troppi, quindi addio Tray.

Però intanto hanno scoperto insieme il primo pterosauro in Inghilterra, che il mondo considera un drago volante e in effetti a guardarlo è proprio così. Poi il primo plesiosauro, la creatura che secondo alcuni è ancora viva e ogni tanto fa spuntare la testa dalle acque di Lochness, e ancora tanti altri prodigi di pietra.

Negli anni, proveranno a sostituire Tray i più illustri professori del mondo. Mary infatti è in contatto con tutti, e riceve visite regolari dai luminari della geologia e paleontologia dell'Ottocento. Da Charles Lyell, l'amico di Darwin, a Louis Agassisz, che parte da Harvard e attraversa l'Atlantico alla ricerca di alcuni fossili fondamentali per i suoi studi sui pesci, sapendo che Mary è l'unica a poterlo aiutare.

Solo il celebre naturalista Georges Cuvier, enorme autorità mondiale, ha dubbi sul suo lavoro, avanzando il sospetto che lo scheletro incompleto di plesiosauro da lei ritrovato sia un falso, ottenuto mettendo insieme le ossa di vari fossili diversi. La risposta di Mary arriva dopo un po', senza fretta e senza parole: ne trova un altro identico, stavolta completo, e Cuvier ritira le accuse.

Anzi, si fa inviare numerosi ritrovamenti di Mary, e così seduto comodo nel suo studio ai Jardins des Plantes a Parigi può descrivere e dare un nome a molte creature del passato, senza sudare e sporcarsi scavando in qualche posto sperduto. Molto più semplice approfittare di questo servizio di delivery-fossili, per lui come per tanti altri professori, che ci scrivono sopra fiumi di saggi.

C'è poi chi è meno pigro, va a scavare insieme a lei e ne guadagna assai di più. Perché mentre si muove sulle coste del Dorset, partendo da un sasso o da uno sperone di roccia Mary disegna con timidi gesti e parole ferme la storia del mondo. Con naturalezza collega i dati, fissa i momenti di svolta, risolve misteri scientifici come quegli strani corpi tondeggianti che si trovavano nella pietra e per i medici medievali erano l'antidoto a ogni veleno. Oggi si chiamano Coproliti, ed è lei a spiegare cosa sono, dopo averne visti tanti nel ventre delle creature che scopre nella roccia: in poche parole, cacca di dinosauro fossile. Preziosissima per capire cosa mangiassero e mille altri dettagli della loro vita privata.

Ma queste lezioni clamorose non le tiene dalla cattedra dell'università, e nemmeno sulle pagine delle riviste scientifiche. Le uniche righe che Mary vedrà pubblicate in vita appartengono a una sola lettera inviata a un giornale. Il resto sono frasi sbuffate mentre è piegata sulla roccia a cercare, oppure nel negozietto di fossili inventato dal padre, che lei porterà avanti fino alla fine, costantemente sul filo della sussistenza.

Per un motivo solo, semplice e chiaro e insieme assurdo: Mary è una donna.

Ed era inammissibile che una donna scrivesse di argomenti tanto seri. La donna è frivola e volubile, magari può comporre poesie d'amore o qualche romanzo romantico, ma le mancano la costanza e la serietà necessarie a condurre ricerche scientifiche approfondite. Questo si credeva all'epoca. Tanti studiosi illustri pretendevano di spiegare la natura degli animali, delle piante, dei minerali e su fino alle stelle e agli altri pianeti, ma erano tragicamente al buio intorno alla natura del genere umano.

La Geological Society of London non accettava donne tra i suoi membri, come la Casa del Popolo del mio paese, quando aprirono la sala da biliardo e ci misero un cartello con scritto "solo per uomini". Però la signora Stella, la moglie del segretario, è arrivata lì e ha staccato il cartello, e l'ha picchiato nella testa a suo marito per tutta la strada fino a casa.

Ma a Londra la signora Stella non c'è andata mai, e allora la Geological Society è rimasta così. Le donne non potevano intervenire durante i convegni, anzi non potevano nemmeno stare nel pubblico ad ascoltare!

E quindi, per ascoltare Mary, tutti vanno a trovarla nel suo paesino sul mare, e il suo negozio diventa un paradiso segreto di occasioni, dove acquistare i fossili da lei scoperti e subito rivenderli a una cifra doppia o tripla negli ambienti aristocratici che lei non conosce, oppure presentarli e illustrarli alla comunità scientifica, con descrizioni attentissime e minuziose dove si riporta ogni minimo dettaglio, tranne il nome di Mary.

Che per tutta la vita andrà avanti a scavare, disegnare e spiegare, sempre in ginocchio sulla roccia a cercare tesori preistorici e i soldi per mangiare. Ma va bene così, la passione vera non ha bisogno di riconoscimenti o ricchezze, ha già in sé tutto quel che le serve, e chiede solo di poter correre senza fermarsi mai.

Una corsa che Mary ha iniziato appena nata, quando un fulmine le ha elettrizzato l'anima, fino al cancro al seno che a quarantasette anni la fermerà.

A quel punto, però, il suo nome comincerà a girare. Apparirà nelle targhe dei musei, sotto ai suoi ritrovamenti che da tempo li riempiono. Il presidente della Geological Society – dove non è mai potuta entrare – le dedica un elogio funebre pubblicato sulla rivista della società, e la Royal Society la metterà tra le dieci donne inglesi più importanti nella storia della scienza.

Ma tutto questo dopo, molto dopo. Perché siamo fatti così, siamo bravi e gentili e tanto attenti agli altri, quando questi altri non ci sono più: siamo pessimi come amici e vicini di casa, ma siamo formidabili come becchini.

E lo stesso succede al Celacanto: finché se n'era rimasto secco ed estinto nella pietra, veniva celebrato come un momento fondamentale dell'evoluzione. Adesso che dopo milioni di anni si è messo a sguazzare nell'oceano, nuotando allegro contro la corrente e contro tutto quel che si era detto e scritto su di lui, è diventato troppo scomodo.

Si prova allora a ignorarlo, dicendo che quello pescato in Sudafrica è un esemplare isolato, il solo Celacanto sopravvissuto, unico al mondo e parecchio tosto, avendo campato svariati milioni di anni per arrivare fino a noi. Ma adesso è morto pure lui, quindi estinto come si è sempre detto, e non pensiamoci più.

Però Smith e miss Latimer non ci stanno. Si mettono in contatto coi paesini che puntellano le coste dell'Oceano Indiano, e offrono una taglia di cento sterline per chi ne trovi un altro, cifra che all'epoca un pescatore guadagnava in un anno.

Intanto nell'ambiente si cerca di parlarne sempre meno, la seconda guerra mondiale aiuta a distrarre l'attenzione, e con un po' di pazienza il problema del Celacanto può essere dimenticato senza più disturbare.

Ma quattordici anni dopo, alle isole Comore, ecco che ne salta fuori un altro. Il discorso dell'ultimo sopravvissuto non regge più, ma nemmeno il penultimo, perché gli indigeni lo consegnano e si stupiscono di tanta attenzione per questo pesce di poco conto: loro lo chiamano Kombessa, usano le sue squame ruvide come carta vetrata e a volte lo mangiano, ma solo essiccato perché altrimenti la sua carne è piena di un olio che ti fa passare la notte al gabinetto.

Insomma, gli studiosi più illustri dibattevano sull'esistenza del Celacanto nelle università, nelle accademie e sulle riviste più rinomate del mondo, e nel frattempo gli indigeni delle isole Comore ne conoscevano pure le qualità lassative.

E solo questo riesce a evitare che il Celacanto e i suoi scopritori finiscano nell'oblio. Il professor Smith finalmente può dargli il nome scientifico di *Latimeria*, in onore della sua amica Marjorie, la signorina Latimer che quel giorno lo ha chiamato a studiare quel pesce strano. Se invece, visto che era quasi Natale, avesse preferito andare a fare la spesa per il cenone, se magari i pescatori l'avessero ributtato in mare o fatto a pezzi come esca, forse ancora oggi il Celacanto nuoterebbe nell'ignoto, lasciandoci comodi e convinti che nell'oceano non possa ancora sguazzare questa specie di dinosauro.

Anzi, non una specie, ma due. Perché nel 1997 una coppietta americana in luna di miele sull'isola di Sulawesi, in Indonesia, scatta foto in giro per poi mostrarle ad amici e parenti e – grazie a internet – a un mondo intero di sconosciuti.

Tra questi c'è un biologo marino, che in mezzo a mille inutili scatti di cene e tramonti e di loro due che si baciano, trova una foto del mercato all'aperto, dove tra i pesci in vendita sui banchi nota un altro Celacanto.

Ma questo non è blu, è marrone, è diverso. E così una coppietta di sposini sul finire del Ventesimo secolo scopre per caso la *Latimeria Menadoensis*. Se ne ignorava l'esistenza, e lui se ne stava lì steso comodo al mercato del pesce.

Assurdo, sì, ma inevitabile se si continua a ricercare in questo modo, accumulando saggi e volumi e conferenze sul mare e la sua vita, senza considerare le persone che sul mare ci vivono davvero, che ne hanno una conoscenza pratica, diretta, profonda. Che, mentre qualche professore dibatte nei convegni in qualche aula magna, trovano un pesce strano e lo mangiano e passano la notte sulla tazza, e imprecano, e imparano.

E allora, forse è un bene che Mary Anning non abbia potuto frequentare le accademie e le società scientifiche. Che sia rimasta tutta la vita con le mani e le ginocchia sulla roccia zuppa e salmastra della costa, con un cagnolino come assistente, i cavalloni che picchiavano dal mare e i fulmini che si schiantavano dal cielo. Ricordandole ogni momento dove siamo, e quanto siamo minuscoli in mezzo a tanta enorme potenza, tanta spaesante varietà, quanto è corta la nostra strada rispetto all'orizzonte intorno.

Ogni tanto alziamo gli occhi per un attimo, e ci gira la testa a intuirlo. E come il Celacanto, ci troviamo davanti a un bivio: o torniamo subito con lo sguardo basso, e diciamo che è assurdo, è impossibile, non esiste. Oppure lasciamo andare i nostri appigli, abbracciamo questa spaesante meraviglia e ci lasciamo portare dove vuole lei, impossibili, assurdi, vivi.

7.
Un autobus in fondo all'oceano

Così è andata a Mary Anning, così al vescovo Pontoppidan. È normale: quando scegli di saltare sull'arcobaleno, il grande grigio intorno ti guarda male. Ma non bisogna essere tristi per loro, e questo per quattro motivi almeno.

Primo, perché non dovremmo essere tristi mai.

Secondo, hanno avuto una vita piena e intensa, e se la vita è un dono del cielo, loro questo dono l'hanno sfruttato fino in fondo, non come quando ti regalano quegli orribili maglioni che lasci per sempre nell'armadio al buio e alla muffa, o ancora peggio li regali a qualcun altro, e ti sporchi l'anima spargendo nel mondo la bruttezza.

Terzo, perché Mary era comunque rispettata da tanti professori illustri, e dalla sua morte a oggi non si contano gli onori e i tributi, mentre il vescovo Pontoppidan era appunto vescovo, quindi un po' di studiosi avranno riso di lui, ma quando passava per strada le persone si toglievano il cappello e gli baciavano l'anello, e oltre al Kraken e alle sirene ha scritto un catechismo che ha guidato la morale cattolica della Scandinavia per un paio di secoli.

Ma c'è un quarto motivo, soprattutto: se ci rattristiamo per loro due, adesso ci tocca affogare nelle lacrime, per la storia di Pierre Denys de Montfort.

Il suo nome non dice nulla a nessuno, perché il treno della scienza l'ha buttato giù in piena corsa, e il carro della storia che lo segue lento non si è fermato a raccoglierlo. Così Montfort è rimasto lì, sperso insieme ai suoi studi, e già pochi anni dopo la sua morte un altro naturalista francese, passando in rassegna i suoi predecessori, lo liquida in mezza riga come "un uomo strano".

Ma cosa vuol dire, "un uomo strano", è un problema essere strani? È una colpa?

Quando avevo sei o sette anni, un sabato la suora che ci insegnava il catechismo ha chiamato la mia mamma, perché avevo un problema. La mamma è corsa al convento senza respiro, ma il mio problema secondo la suora era che "il bambino è strano". In quel che dicevo, e facevo, strano pure in come mi muovevo.

Allora la mamma si è arrabbiata parecchio. Non con me, con la suora. Che l'aveva fatta correre lì di sabato pomeriggio, quando lei era libera e andava al cinema. Quel giorno davano *Le messe nere della contessa Dracula*, e la suora gliel'aveva fatto perdere per dirle questa grandissima cazzata.

Poi la sera a cena le ho chiesto cosa voleva da lei madre Melania, e la mamma:

"Nulla, nulla".

"Ma come nulla, avevi detto che aveva detto che c'era un problema."

"Sì, sì, c'era. Il problema è che madre Melania è scema."

"Ah. E ti ha fatta andare là per dirti che è scema?"

"Sì. Ci teneva. Mi ha detto: 'Signora, guardi, io devo dirglielo, sono scema, anzi proprio cretina'."

"E te cosa le hai detto, mamma?"

"Che lo sapevo già, non serviva andare al convento a sentirlo. Che invece volevo andare a vedere *Le messe nere della contessa Dracula*."

"Bellissimo! Mi ci porti anche me, mamma? Posso? Possiamo?"

"Non è che possiamo, Fabio, dobbiamo!"

"Evviva! Evviva! Sono felice!"

"Ecco, bravo, questo voglio sentire. Mica le scemenze di madre Melania. Voglio sentire che sei felice. E se sei anche un po' strano, va bene."

"Ma io non sono strano! Non..."

"Sì, sì, un po' sì, Fabio. Ma è normale. Nel mondo siamo tutti strani, però abbiamo due possibilità: o facciamo finta per tutta la vita di essere normali e precisi, e quindi siamo strani e tristi, oppure possiamo fare come ci pare, ed essere strani e felici. E allora Fabio non c'è nulla di strano, se sei strano. Basta che sei felice."

E felice era il nostro Montfort, come può esserlo un bambino con la passione del mare, che ha avuto la fortuna di nascerci davanti. Sull'Oceano Atlantico, a Dunkerque, in Francia, pochi anni dopo il libro di Pontoppidan, nel 1766.

Passava i giorni lungo la riva, che è il confine sempre vivo e bagnato tra i terrestri e gli acquatici. L'unica striscia di mondo dove possono incontrarsi davvero, infatti gli amici di Montfort erano granchi e conchiglie, vongole e paguri, e a forza di stare con loro è diventato un malacologo, cioè un esperto di molluschi.

Solo che il percorso ufficiale degli studi funziona in modo bizzarro: per andare avanti e diventare un'autorità rispettata nello studio del mare, Montfort deve abbandonare la costa, trasferirsi a Parigi e rinchiudersi tra le mura e sotto i ricchi soffitti dell'università. Come se uno scalatore, per diventare più esperto, dovesse scendere dai monti e andare a vivere nella Pianura Padana.

Ma Pierre porta con sé una passione che gli resta addosso come il salmastro sulla pelle, legge così tanti volumi da mille paesi diversi che impara senza accorgersene un sacco di lingue straniere, e nell'ambiente accademico parigino spicca subito tra i giovani più promettenti. L'unica cosa che gli manca, per essere considerato un'autorità, è una pubblicazione prestigiosa.

Ma deve attendere solo un po', prima che arrivi la grande occasione. Anzi, grandissima. Come uno che la mattina aspetta il pullman, e invece lì sulla piazzola atterra a prenderlo il Concorde. Infatti Montfort viene chiamato da Charles-Nicolas-Sigisbert Sonnini de Manoncourt, che avendo un nome così lungo è per forza uno importante, e lo incarica di proseguire il lavoro di un altro ancor più importante, Georges-Louis Leclerc conte di Buffon, naturalista e cosmologo dal peso immenso. Buffon è l'autore della *Storia naturale generale e particolare*, divisa in trentasei volumi col progetto di raccogliere e descrivere in migliaia di pagine l'intera natura del pianeta.

Il problema dei progetti però è questo, succede sempre qualcosa che nel progetto non c'era. Nel caso di Buffon, di morire prima della fine. E così, mentre il conte passa a studiare le piante e gli animali dell'Aldilà, l'impresa e l'onore di proseguire la sua opera stanno adesso sulle giovani spalle di Montfort, che deve comporre un volume interamente dedicato a conchiglie e molluschi.

Allora lui saluta gli amici, i parenti e il mondo intero, e si tuffa in mesi e mesi di ricerche e studi forsennati, per un lavoro che tutti si aspettano accurato e preciso, severo e selettivo come impone la sua epoca. Perché ormai sta iniziando l'Ottocento e con lui l'Illuminismo, le opinioni del passato sono considerate sciocchezze, favole e leggende, da scacciare come vecchi fantasmi sotto la luce inesorabile della ragione.

Ma la vita spesso va così, cerchi qualcosa così tanto che alla fine trovi qualcos'altro.

A forza di rovistare tra libri e libretti, diari e mappe e documenti dimenticati in fondo agli scaffali di biblioteche e archivi, Montfort si imbatte in un resoconto di poche pagine raccolto dal dottor Swediaur, dove il capitano di una baleniera, "uomo di molto buon senso e d'una verità conosciuta", racconta di aver issato a bordo della sua nave un capodoglio che teneva in gola "una sostanza carnosa" bianchiccia e misteriosa. Una volta strappata dalle grandi fauci e stesa sul ponte, l'equipaggio si è trovato davanti un enorme tentacolo. Anzi, solo un pezzo masticato e consumato, ma lo stesso superava in lunghezza gli otto metri.

Otto metri! Un tentacolo di otto metri! Montfort resta col dito sulla pagina, e intanto nella testa cerca di immaginare l'essere che può reggerlo e usarlo, un tentacolo del genere, insieme a chissà quanti altri. Ma poi la scuote, e forte, per non pensarci più e passare oltre, ignorando questo racconto che è solo una storia, una leggenda.

Però più lo allontana e più quello torna, nelle parole di altri avvistamenti molto simili, con nomi di persone e luoghi e date precise, interi equipaggi che confermano quei tentacoli giganti, e ventose che li ricoprono, e bocche a forma di becco che possono inghiottire una persona, e... e il giovane scienziato non può crederci.

Anzi, *non deve* crederci. Se avesse quei prodigi lì davanti, per esaminarli e misurarli allora sì, ma questi sono racconti, e i racconti sono musica da un passato stravagante e credulone. Eppure, come certe canzoni scemissime che sentiamo alla radio mezza volta, gli si piantano nel cervello e non se ne vanno. Lo catturano e cominciano a cambiare la danza dei suoi giorni e delle sue notti, fino a portarlo per sempre via con sé.

Montfort chiude i suoi libri, saluta Parigi e torna di corsa a casa sua, Dunkerque, che è il porto dove attraccano le baleniere americane. Uomini di Nantucket e di quelle coste ruvide e avventurose: lui corre da loro con una pioggia di domande, ma gli si rovescia addosso una tempesta sbaragliante di risposte.

Perché il racconto del tentacolo gigante nella bocca del capodoglio, quella gente lo ascolta sbadigliando. Nulla di eccezionale, anzi, il capitano Benjohnson gli spicga di averne tirato su uno che superava i dieci metri, con una doppia fila di ventose grandi come cappelli da sole. Reynolds conferma, e rilancia: stava arpionando una balena, quando nell'acqua intorno ha notato una cosa scura che lì per lì sembrava un enorme serpente marino. L'hanno issato a fatica e anche quello era un tentacolo, di quattordici metri abbondanti. L'hanno buttato di nuovo in mare, tenendo solo un pezzo come esca e per mangiarlo, ma se ne sono pentiti perché era proprio delizioso.

Montfort ascolta, annuisce, non respira. E calcola che il padrone di braccia così enormi deve superare i venti metri, una creatura spropositata, prodigiosa, come l'emozione che lo conquista ascoltando le voci dei marinai, grattate dal sale e dall'esperienza.

Eppure si sforza ancora di resistere. Di non crederci. Nei suoi studi l'emozione non serve, anzi è nemica del rigore e della disciplina. Allora cerca qualche residuo di scetticismo, e domanda ai marinai come mai questi ritrovamenti clamorosi non li hanno mai mostrati agli studiosi, come mai non gli hanno mai raccontato di questi incontri. Ma loro sorridono, e spiegano che quella roba dopo qualche ora sul ponte della nave diventa una gelatina bianchiccia, rischi di fare la figura del matto che ha le visioni e non ti fanno più lavorare. Ma soprattutto, nessuno è mai venuto a chiedergli nulla.

O almeno, nessuno prima di Montfort. Che non sa più cosa dire, né cosa fare. Deve sfuggire alla forza ipnotica delle loro parole, ai mille tentacoli giganti che gli si insinuano nel cervello. E allora se ne va da Dunkerque verso Saint-Malo e le sue spiagge lunghissime, che quando la marea si ritira scoprono conchiglie di ogni tipo. E lui su questo deve concentrarsi, creature sempre prodigiose ma piccole, da prendere in mano, stringere, descrivere precisamente nel suo lavoro. E magari è per questo che dalla riva sale fino alla cappella di San Tommaso, per rivolgere una preghiera al santo che credeva solo a quel che vedeva.

Ma pure san Tommaso ha dovuto credere, quando Gesù gli ha fatto toccare le ferite dei chiodi nelle sue mani e quella della lancia nel costato. E lo stesso succede a Montfort, là nella cappella.

Che è piena di ex voto, quadri e disegni offerti dai marinai del posto, scampati a qualche grande pericolo del mare grazie alla protezione del santo: appena sbarcati prendevano il "primo pittoraccio d'insegne d'osteria", gli raccontavano il modo in cui avevano sfiorato la morte e lui lo dipingeva, con l'intervento salvifico del santo o della Vergine Maria in alto, luminosi, poi il quadro veniva donato alla cappella. Quel giorno ce ne sono più di duemila lì dentro, un po' appesi ma soprattutto accatastati uno sull'altro a formare pile di devozione. E Montfort, che sta inginocchiato cercando di sfuggire alle storie di tentacoli giganti e mostri marini, alza gli occhi e scopre di essercisi tuffato dentro.

Perché tra i pericoli scampati dai marinai locali, il più spaventoso è raffigurato proprio lì davanti a lui, coi ringraziamenti della ciurma sconvolta.

Il loro vascello si trovava all'ancora lungo le coste dell'Angola, fermo senza fare male a nessuno, carico d'oro, d'avorio e di uomini della zona da vendere come schiavi nelle Americhe. Ma all'improvviso "un mostro marino di spaventevole grandezza sorse dalle onde, facendole gorgogliare di lontano, indi passar sopra il ponte del naviglio, s'aggrappò al naviglio stesso, circondò le sartie e gli alberi fino alle loro sommità con braccia lunghe del pari che pieghevoli e spaventose".

Proprio questo mostra il quadro nella cappella: la nave piegata, sul punto di rovesciarsi nella stretta di tentacoli enormi che si arricciano intorno ai tre alberi, e il corpo nero e orribile di una piovra gigante, con due occhi tondi e spalancati.

Quegli occhi fissano dritti il nostro Montfort, lì in ginocchio. Lo stesso animale che sta nei diari dei balenieri e nei racconti dei naviganti, adesso avvolge irrecuperabilmente anche lui, che era venuto a pregare per un po' di scetticismo.

Invece qua scopre che quella bestia enorme non solo esiste, ma si trova a ogni latitudine, lassù al nord e pure nei mari del sud. E un conoscente esperto di quei luoghi, tanto da aver scritto un *Voyage en Afrique*, gli conferma che nella Guinea la popolazione costiera è terrorizzata da quella creatura. Per loro è un diavolo, uno spirito maligno, lo chiamano Ambazombi, Pesce Malvagio o Stregone, e spesso li attacca mentre remano sulle loro piroghe. Uno schizzo, un attimo e non ci sono più.

Montfort è travolto da mille testimonianze, diverse nei luoghi e nei protagonisti, eppure tutte gli dicono la stessa realtà, innegabile ormai, tanto da diventare per lui "una cosa provata, che entra negli attributi della storia naturale... certamente i naturalisti sarebbero troppo felici, se tutti i fatti che registrano nelle opere loro esser potessero comprovati da una cinquantina di testimonj oculari, tutti partecipi della medesima fortuna".

Allora torna a Parigi, si chiude in casa e si tuffa a scrivere il seguito della sublime opera del conte Buffon, la sua grande occasione per arrivare dritto in cima alla scala del prestigio accademico. La intitola *Storia naturale generale e particolare de' molluschi*, e vi descriverà con scrupolo e insuperata precisione ogni mollusco esistente, da quelli tigliosi agli anellosi, dai gelatinosi ai corazzati ai cornei.

Ma ormai è preso stretto nelle braccia di quell'animale

portentoso, infinitamente più grande di qualsiasi possibile carriera. E così, dopo aver descritto minuziosamente conchiglie, granchi e altra serena vita rivierasca, dopo aver diversificato tre tipi di seppie e undici di calamari, conclude scrivendo che tre sono al mondo anche i tipi di polpo, cioè il polpo comune, che tutti conosciamo, e altri due, il polpo Colossale e il polpo Kraken: "Gli animali più enormi che esistono sul globo... gli elefanti di tanto sono inferiori alle balene di quanto sembra che queste lo siano ai polpi mostruosi di cui ci accingiamo a favellare".

In realtà, marinai e pescatori gli hanno parlato tutti del Cornet, nome che danno alla seppia e al calamaro, e ripetono un detto: "Nel mare, il Cornet è l'animale più piccolo che ci sia, e il più grande," ma Montfort insiste a considerarlo un polpo, come quello che lo guardava quel pomeriggio dal quadro nella cappella di San Tommaso, e che non smetterà più di fissarlo fino alla fine.

Negli ultimi capitoli del libro, quindi, Montfort spiega che il polpo Kraken vive al Nord e ha un carattere più mite, se infatti causa qualche naufragio lo fa involontariamente, spostandosi per i fatti suoi senza badare alle barchette là sopra. Il polpo Colossale invece popola i Mari del Sud, e ha "una spiccata tendenza alla distruzione e al massacro". A lui infatti "possiamo presentemente attribuire tutti quegli assalti di vascelli che tenuti furono per chimere, finché, di tempo in tempo, uno di que' mostri, tornando sulla superficie delle onde, non provasse la di lui esistenza con qualche tragica e lagrimevole avventura".

Così scrive il giovane ricercatore, e lo sostiene per pagine e pagine. Il pubblico attendeva il proseguimento di un'opera che era il monumento alla luce severa della ragione, fondata su dati, misurazioni e rigore scientifico, lui racconta di mostri che rovesciano navi, divorano equipaggi, e di notte si avventurano sulla costa per svaligiare i magazzini delle acciughe in salamoia.

Chiaramente a spingere Montfort sono i tentacoli del calamaro gigante, e forse esagerano anche un po'. Ma lui non resiste. Non può trattenersi, moderarsi, gli frigge dentro troppa passione. La passione è come il vento in mare, ti spinge e ti fa viaggiare, ma se è davvero forte non è che scegli dove andare, ti porta dove dice lui.

Infatti Montfort naviga, fila, corre perdendo di vista ogni cautela e convenienza, e con l'entusiasmo che gli gonfia il respiro decolla e vola, vola, vola. E insieme precipita nella rovina.

Perché se oggi uno studioso prende il microfono a un convegno e dichiara che nei nostri mari vivono due cefalopodi enormi, uno lo chiama calamaro gigante e l'altro calamaro colossale, i colleghi rispondono con una selva di sbadigli a questa ovvietà. Come quella sera che mia cugina è arrivata di corsa a dire che lo zio Aldo era steso in giardino e forse era morto, e la mamma annoiata: "Be', era al raduno degli alpini, chiaro che forse è morto".

Ecco, Montfort afferma questa cosa sui due cefalopodi enormi, che oggi è ovvia, ma lo fa all'inizio dell'Ottocento, e per lui è la fine.

Sapeva di aver scritto cose importanti e nuove, che avrebbero diviso i lettori tra chi gli credeva e chi no. Invece il mondo accademico si divide tra quelli che si scandalizzano e quelli che ridono di lui.

Montfort potrebbe tornare indietro, ammorbidire le sue posizioni, rimangiarsi i capitoli finali di un'opera che altrimenti è inespugnabile e preziosa. Ma non ci pensa un attimo, è troppo convinto, glielo dice il suo cuore. E insieme glielo conferma un fatto clamoroso, accaduto nelle Indie Orientali.

Là gli inglesi hanno sconfitto in battaglia i francesi e ne conquistano sei vascelli, tra cui il *Città di Parigi* coi suoi tanti cannoni. Li tengono lì, con quattro navi dell'armata britannica a custodirli. Ma niente e nessuno può custodire tutti quanti da ciò che succede quella stessa notte nel buio del mare. Dove all'improvviso il *Città di Parigi* comincia a sparare cannonate, accende fuochi per segnalare un pericolo, e gli altri accorrono ma in un attimo fanno la stessa fine: dieci navi a picco, dieci equipaggi spariti nei gorghi scuri dell'oceano.

Un dramma, una tragedia, ma per Montfort è il trionfo: ha potuto parlare col signor Inglefields, l'unico a salvarsi insieme a un mozzo, e nemmeno lui ha idea di cosa li abbia affondati, ma assicura che non c'erano trombe d'aria, correnti insidiose o vortici. E allora questa strage senza una spiegazione può averne per Montfort una sola: l'attacco di un polpo colossale, o addirittura più di uno, che ha agguantato le navi trascinandole con sé negli abissi.

Certo che è così, e lo dichiara nelle sale delle accademie, nei salotti dei notabili, addirittura sui giornali. Tutti ne parlano, e qualcuno comincia pure a dargli retta, ma poi arriva la fredda comunicazione della Marina britannica: loro sanno benissimo cos'è successo, con militare abitudine non verrà spiegato bene, ma la colpa è solo di un incidente pratico. Addio navi, addio mistero, addio polpo colossale.

E addio Montfort. Che prima era lo zimbello degli studiosi, adesso lo è della città intera. Non ha più estimatori, non ha più amici, non ha più nemmeno il suo compito di proseguire l'opera di Buffon, affidato a colleghi meno stravaganti.

Gira per le strade di Parigi e intorno solo persone che lo indicano, agitano le braccia come i tentacoli della creatura che l'ha portato con sé nel delirio, e ridendo se ne vanno. E allora se ne va pure lui.

Scappa da Parigi, vorrebbe tornare a casa sull'oceano, ma il mare gli porta solo brutti pensieri, quindi si nasconde in mezzo alle campagne. Si dedica alle api, e scrive pure un manuale dove spiega che l'apicoltura regala gioia e grandi guadagni. Ma evidentemente con lui non funziona, perché è sempre più povero e solo. E così resterà fino in fondo alla sua storia, all'ultimo dei suoi giorni sulla secca, ruvida, spietata terraferma.

E magari uno pensa che questo sia il finale più triste dell'universo, e invece no. Perché è triste parecchio, sì, però non è il finale. Manca ancora un pezzo, devastante.

Di lui infatti non si sente più parlare, come dei suoi scritti. Poi un giorno un altro malacologo più giovane, il professor Deshayes, si trova a Parigi in un negozio che vende fossili di conchiglie, in cerca di esemplari per la sua collezione. La porta si apre ed entra un tipo "dall'aspetto miserabile". Barba arruffata, pantaloni stracciati e una giacca piena di toppe. Da quei cenci tira fuori una vecchia sacca di tela e la apre sul banco, davanti al padrone del negozio.

"Le restituisco le sue conchiglie," dice sottovoce.

Il padrone le conta, gli dà un paio di monete, lo straccione farfuglia un grazie, ripiega la sacca e se ne va.

Il giovane è troppo curioso, domanda chi era quel tipo, e resta a bocca aperta quando il proprietario gli rivela quello che noi abbiamo capito già da un pezzo:

"Quello è Pierre Denys de Montfort".

Si era ridotto a classificare le conchiglie per i negozi, in cambio di qualche soldo per il pane e l'acquavite.

Che è un liquido trasparente come l'acqua, però brucia in gola e nel respiro, e fa passare il freddo. E a casa sua ce n'era tanto, una stanza umida sotto il tetto, con un solo mobile dentro: un grosso sasso divelto dalla strada, che di giorno usava come sedia e la notte per appoggiarci il letto, cioè la porta che ogni sera toglieva dai cardini per stendercisi sopra.

Così per chissà quanto, sempre solo con l'acquavite a impastargli i pensieri e i sogni, fino all'ultima notte, quando invece l'hanno trovato steso sulla strada.

Pierre Denys de Montfort è morto lì, di fame e di stenti, nel 1820 o nel 1821, la storia non si è disturbata a registrare la data precisa.

Ma una cosa più importante è sicura: che la notte, quando si metteva a dormire sulla porta, come su un tappeto magico Montfort planava verso l'oceano, dove lo aspettavano i tentacoli del suo polpo colossale, lo avvolgevano morbidi e possenti, e insieme cominciavano a ballare.

A quale musica, questo non lo so, però un secolo e mezzo dopo è nata una canzone che secondo me è perfetta per loro. L'hanno scritta gli Smiths, si chiama *C'è una luce che non si spegne mai*, e non passa giorno senza che io la ascolti, ma in due o tre sere quando stavo al liceo giuro che mi ha salvato la vita. Perché è sempre così che succede, non è mai la forza, mai la grinta o le spinte o altri schizzi scemi di potenza qua e là: solo la bellezza ti salva davvero.

E questo pezzo bellissimo canta di due ragazzi in macchina fuori di notte, perché in casa non respiravano più e avevano bisogno di essere liberi e vedere le luci e il mondo che gira. Poi uno guarda l'altro, e pensa le parole più stupende che abbia mai pensato l'amore:

E se adesso ci schiaccia un autobus,
morire accanto a te, che modo favoloso di morire.

Così canta il coro, e alle note di questa meraviglia secondo me ancora ballano Montfort e il suo polpo colossale, nel loro mondo diverso in fondo al mare.

Dove non c'è ossigeno, ma Montfort respira meglio che qui, su questa terra di persone che ti guardano male se sembri strano, se dici cose strane. Dove ti evitano se i tuoi vestiti sono vecchi e rattoppati, e invece sei ammirato se indossi abiti costosi e gioielli d'oro e diamanti, pezzetti luccicanti di sasso che vengono dall'altra parte del mondo, strappati a colpi di massacri e schiavitù.

Insomma, se questa è la vita sulla terraferma, molto meglio sparire in fondo al mare. Dove Montfort sorride mentre balla in braccio al calamaro, e anche lui gli sorride e lo stringe. Ma dentro di sé, stavolta il calamaro si è arrabbiato veramente.

È troppo grande per risalire la Senna e spargere i suoi tentacoli devastatori tra i viali di Parigi. È troppo grande pure per avere fretta. Infatti tra un po' sfogherà su di loro tutta la sua rabbia, ma adesso no. Adesso il calamaro e Montfort morbidamente danzano. Liberi, leggeri, felici in un mondo vivo e lontano, lontano dal nostro.

E se ci schiaccia un autobus, se un camion di quelli grossi ci prende in pieno, morire accanto a te, che modo favoloso di morire.

8.
Piovono calamari

Ottobre 1873, a Portugal Cove è un mattino caldo e tranquillo. O almeno, caldo per essere all'isola di Terranova, lassù al largo del Canada. E tranquillo se ci fermiamo qui, con la barchetta che scivola sul mare luccicante come una lumaca su un foglio di stagnola, e non guardiamo quel che sta per succedere.

Perché là davanti c'è qualcosa che galleggia: una vecchia vela, pezzi di un relitto, un ammasso di reti strappate dalle onde? La barca si avvicina per vedere cos'è, ma quando ci arriva non lo capisce ancora. È grande, è molle e scuro, allungano un remo per toccarlo, e...

... e qui, a seconda di chi la racconta, la storia prende tre vie diverse.

Per la prima, sulla barchetta c'è un uomo solo, un pescatore che si chiama Theophilus Piccot. Per la seconda, insieme a lui c'è il suo amico e collega Daniel Squires. Per la terza invece oggi c'è anche Tommy, il figlio dodicenne di Piccot. E quest'ultima versione è quella vera, o comunque la più bella, e quindi la scegliamo. Perché così possiamo sentire le parole ruvide dei due marinai consumati, che trattano il bimbo con la superiorità rocciosa di chi conosce il mare e i suoi pericoli, e a ogni colpo di remo schiaffa in faccia al pivello la sua ingenuità.

È il metodo classico per insegnare i lavori pratici agli apprendisti: se vuoi imparare qualcosa, prima devi capire fino in fondo che sei un coglione e non sai fare nulla.

Io avevo molti zii, quasi tutti facevano i giardinieri e tutti mi trattavano così. Un po' come il maestro zen col discepolo che va da lui, e il maestro gli riempie la tazza di tè, poi prova a versarne altro ma non può perché la tazza è piena, e gli dice che allo stesso modo non può insegnargli niente, perché la sua mente è già piena di concetti e convinzioni. Solo che nello zen lo svuotamento si realizza con la meditazione e l'eliminazione del superfluo, i miei zii preferivano insulti, bestemmie e schiaffi dietro la testa. Così tanti che dopo un'estate di lavoro insieme a loro mi sono scordato pure come mi chiamavo, però giuro che ho imparato il mestiere, a curare le piante e a potarle senza offenderle. Così come Tommy stava imparando ad affrontare i mille pericoli del mare, che i suoi due maestri dominavano con tutta la sbruffonaggine possibile.

Poi però, quel mattino di ottobre, arrivano alla cosa misteriosa nell'acqua, la toccano col remo, e dall'oceano schizzano mille lampi infernali. Enormi tentacoli scuri attaccano la barca, la avvolgono per risucchiarla in fondo all'oceano, e i due adulti paralizzati dal terrore restano dritti e duri come nella tomba dove stanno per finire. Tommy invece salta su, imbraccia l'ascia di bordo e comincia a colpire. Alla cieca, ma funziona, riesce pure a staccare un paio di quelle braccia grosse come tronchi di pino, e insiste finché il mostro non molla la presa e si allontana, lasciandosi dietro vortici e spruzzi che anneriscono il mare.

Così è andata quel giorno, ed è una bellezza che sia stato Tommy a salvare i suoi maestri, ma ancor più bello e giusto è che la caccia millenaria al Kraken, partita nell'antichità e arrivata fin qui su una strada tutta curve, piena di vescovi e studiosi, professori e comandanti e imperatori, tra Platone e

Aristotele, Plinio, Linneo, Darwin e gli scienziati più celebri della storia, la risolva un ragazzino di dodici anni che i più grandi hanno appena finito di prendere per il culo.

Il suo nome è Tommy Piccot, anche se per qualcuno lui sulla barca non c'era, e anzi non esisteva nemmeno. Sono gli stessi che per millenni hanno spiegato come mai non esisteva questa creatura gigantesca, ma Tommy si pulisce l'inchiostro appiccicoso dal viso, imbraccia i remi e torna verso la costa, portando con sé due uomini ammutoliti e un tentacolo lungo sei metri, che finalmente dovrebbe bastare a chiudere il discorso.

Fino a quel giorno invece nulla era servito. Dopo la morte di Montfort in mezzo a una strada, il calamaro infuriato aveva schiaffato pezzi di verità in faccia agli uomini, facendosi avvistare più volte in giro per il mondo, quasi sempre da navi francesi come il suo povero amico. In Tasmania davanti agli occhi del giovane Peron, nell'Atlantico verso l'Equatore da Quoy e Gaimars, dalla *Héoïne* dell'ammiraglio Cécile e avanti così, fino all'incontro più noto e clamoroso, quello della *Alecton* e del capitano Bouyer che abbiamo visto all'inizio del nostro viaggio, quando prendevano a cannonate il Kraken mentre mia nonna chiacchierava con mio nonno e gli preparava le patate fritte anche se era morto. Ma la reazione ufficiale è sempre la stessa: favole da marinai, allucinazioni, isteria di gruppo. Storie, storie, *solo* storie.

La stessa fine di un altro avvistamento importante, che nel 1848 arriva addirittura sulle pagine del "Times": al largo dell'Africa, navigando tra il Capo di Buona Speranza e l'Isola di Sant'Elena, l'equipaggio della *Dedalus* vede una creatura enorme che emerge dalle onde e si muove all'orizzonte per cinque minuti almeno.

Nel bagliore del sole gli sembra un serpente marino, che esce dall'acqua con la testa e il collo per un metro e mezzo, e sotto la superficie si intuisce un corpo lungo intorno ai 18 metri. È comprensibile: se da lontano avvisti il tentacolo di un calamaro gigante che guizza fuori dall'acqua, mentre il resto della creatura se ne sta invisibile là sotto, è facile prendere quel braccio per una bestia a sé, un grande serpente che si staglia all'orizzonte. Il mare è così, la sua vita smisurata si muove laggiù, per conto suo, e a noi appare solo il pezzetto che succede sopra. È la famosa "punta dell'iceberg", una montagna enorme che svetta nell'aria, ma sott'acqua a sorreggerla c'è una massa di ghiaccio dieci volte più grande. Talmente maestosa che, oltre a non vederla, tante volte non riusciamo nemmeno a pensarla, così ci andiamo a sbattere contro e coliamo a picco. E così i lettori del "Times" e gli studiosi, pur di evitare l'assurdità di un serpente marino o di un tentacolo gigante, propongono mille spiegazioni alternative, che si spingono assai oltre nei vortici del delirio.

Per alcuni infatti l'animale avvistato dalla *Dedalus* è semplicemente un'anguilla. Un'anguilla pellicano, pesce abissale con una bocca che, spalancata, può essere lunga quanto il corpo. Nello specifico doveva trattarsi di un esemplare bello grosso, tre o quattro volte più dei suoi simili, che ci teneva a farsi ammirare e allora ha abbandonato il buio degli abissi dove vive, saltando sul pelo dell'acqua come le acciughe nei giorni di sole.

Altri invece concedono che la creatura fosse effettivamente un serpente, ma un normale serpente terrestre, il boa. Anche lui cresciuto troppo, tanto da sentirsi stretto nel folto delle foreste e trovare più confortevole la vastità dell'oceano.

O magari si tratta di un esemplare sopravvissuto di plesiosauro, l'enorme creatura preistorica il cui fossile era stato scoperto qualche anno prima dalla nostra amica Mary Anning.

Queste e altre sono le opinioni dei lettori del "Times", e va bene così, ognuno ha il diritto di dire quel che pensa, anche se quel che pensa è una scemenza. E poi le opinioni assurde sono preziose, ascoltarle è un divertimento che risolve certe sere fiacche, nei bar e nelle piazze del mondo.

Quando però sull'avvistamento della *Dedalus* si esprime sir Richard Owen, il celeberrimo biologo e paleontologo, il professore che sui dinosauri la sa così lunga da averla inventata lui, la parola "dinosauro", ecco che ci si aspetta un po' più di sostanza. Quindi tacciamo rispettosi e lo ascoltiamo, mentre sir Owen ci spiega che la creatura vista all'orizzonte dall'equipaggio della *Dedalus* è, senza alcun dubbio, una foca.

Dalla forma assai insolita, dalle dimensioni impressionanti e in un posto in cui non vive, sì, ma una foca. Non certo un serpente marino o il Kraken, quelle creature infatti non esistono proprio, altrimenti nei secoli le avremmo incontrate, e su qualche spiaggia si sarebbero trovati i loro enormi resti. Invece "una mole più sostanziosa di prove si potrebbe mettere insieme per dimostrare l'esistenza dei fantasmi", chiude il professore, e da qui si capisce che sir Owen non credeva nemmeno ai fantasmi, quindi è proprio il caso di lasciarlo perdere e guardare altrove.

Come fa il capitano della *Dedalus*, il signor McQuhae, che ha passato la vita in mare e a farsi trattare da bagnante suggestionato non ci sta. Risponde sdegnato: "Mia intenzione e desiderio era fornire agli eminenti naturalisti, come l'erudito Professore, dati precisi e accurati," per poi congedarsi, auspicando una "occasione fortunata per conoscere più da vicino il *Grande Sconosciuto*," che "nel caso in questione era tutt'altro che un fantasma".

"Il Grande Sconosciuto", il capitano lo chiama così, ed è il suo nome perfetto. Grande come il fascino che ci attira verso quel che non conosciamo, e come la paura che ci fa. Grande come lo sconvolgimento che la sua semplice esistenza porterebbe al nostro mondo, piccolo e preciso e messo su in una vita di calcoli e prudenze. E allora, per difendere questo piccolo mondo e tenere lontano il Grande Sconosciuto, vanno benissimo anguille e boa, fossili e foche e tutto quel che c'era sull'Arca di Noè.

Solo che poi, un mattino di ottobre del 1873, arriva l'occasione fortunata che si augurava il capitano McQuhae. La porta in braccio il piccolo Tommy Piccot.

E non è la freschezza del tentacolo a fare la differenza nel suo destino: con la giusta ostinazione si poteva ignorare pure questo finché non diventava poltiglia, l'eccitazione generale rientrava e avanti come sempre, tranquilli, puntuali, ciechi.

No, il destino è come un coltello, può spalmarti la marmellata sul pane oppure tagliarti la gola, dipende dalle mani in cui lo metti.

E Tommy lo mette nelle mani di Moses Harvey.

Che di quelle zone è il reverendo, e un grande appassionato di scienze naturali. Arrivato dall'Irlanda con la moglie Sarah e la mente aperta, il cuore apertissimo e la bocca sempre spalancata: le sue omelie sono assai temute perché non finiscono mai, così come le conferenze che organizza in giro, e quando proprio non può parlare allora riempie la stampa locale di articoli – un migliaio – su ogni minima questione di argomento naturalistico.

Figuriamoci adesso, che gli è arrivato questo tentacolo prodigioso dritto a casa, e Harvey si rende subito conto della sua importanza:

"Ero in possesso di una delle più grandi curiosità del regno animale – il vero tentacolo di un pesce-mostro sino a quel momento mitico, sulla cui esistenza gli scienziati hanno discusso per secoli. So di aver avuto in mano la chiave di un grande mistero, e che ora un nuovo capitolo verrà aggiunto alla Storia Naturale".

Ma Harvey è un entusiasta sincero, non un egoista, desidera che questo nuovo capitolo venga scritto bene, e quindi affida la preziosa chiave del mistero al professor Emery Verrill.

Che insegna zoologia a Yale, e al calamaro gigante crede profondamente. Da anni studia i pochi frammenti a disposizione fino a consumarli, così come in Danimarca il professor Japetus Steenstrup, che ha deciso di dare un nome scientifico all'animale, *Architeuthis Dux*, basandosi solo su un becco, un pezzetto di tentacolo e un paio di ventose.

Adesso invece, Verrill ha davanti un tentacolo quasi vivo, lungo sei metri. E prima ancora di capire com'è fatto, deve trovare il modo di farlo entrare nel suo studio. Sposta la scrivania contro al muro, fa portare via l'armadio, ma non serve a nulla: quando finalmente c'è spazio abbastanza per il prezioso reperto, dal cielo si rovescia addosso a lui una tempesta di animali interi, enormi, incontenibili.

Perché la pazienza del calamaro è grande, è gigante come lui, ma è esaurita.

Dopo la fine tristissima del suo amico Montfort, ha provato a seminare qua e là prove sempre più chiare della sua esistenza, ma il mondo continuava a non guardare. È stato lì fermo e zitto a prendersi della leggenda, della bugia da marinai ubriaconi, dell'anguilla, del boa sperso nel mare e pure della foca in gita su un iceberg. Ma adesso il calamaro ha detto basta, è arrivato il suo momento. Ed essendo lui gigante, anche il suo momento lo è. Durerà dieci anni, dal 1871 al 1881, quando invece di gocce sparse di verità, sui mari intorno all'isola di Terranova si scatena una pioggia di prove, un uragano di calamari che inzuppa la crosta secca dello scetticismo, lo sommerge e lo affoga per sempre.

In mezzo al mare, nelle reti e addosso alle coste, si riversa una quantità surreale di esemplari interi e a volte ancora vivi, pesanti più di una tonnellata e con tentacoli che superano i dieci metri.

Già due anni prima dell'avventura di Tommy, lì vicino gli

uomini della goletta *B.D. Haskins* hanno incrociato un calamaro morto, del peso di novecento chili per quasi otto metri, e nella stessa baia ne hanno trovato un altro arenato che ne misurava sedici. Ma erano resti ormai malmessi, e il reverendo Harvey non era stato informato, quindi sono finiti come esche per i pesci e cibo per i cani.

E il mese dopo l'impresa di quel ragazzino, ancora a Portugal Cove, quattro pescatori tirano su una rete che è troppo pesante per essere piena di sardine, e soprattutto si dimena tanto da sfuggirgli dalle mani. Dentro c'è un calamaro enorme, che nella furia e nella lotta perde i tentacoli, portati a riva dai marinai increduli. Ma si stupiscono ancora di più quando il reverendo Harvey gli offre dieci dollari, se quella roba gliela consegnano a casa.

Lì, Harvey li aiuta a trascinare il tutto fino in bagno, dove i tentacoli – lunghi otto metri e con una doppia fila di ventose dentate – riempiono la vasca e coprono tutto il pavimento. E non si sa che faccia ha fatto sua moglie Sarah rientrando a casa, ma il fotografo arrivato di corsa per immortalare il prodigio ci mette un po' a farsi passare il tremore e scattare la storica foto.

Poi Harvey invia tutto al professor Verrill, che pubblica il suo studio su varie riviste scientifiche, incendiando l'attenzione del mondo intero.

Per ringraziare il reverendo, battezza l'animale come *Architeuthis Harveyi*, e lui in estasi: "Ho fatto il possibile per accettare con modestia questi onori". Un altro parroco suo amico lo avverte però di stare attento, perché rischia di passare alla storia a cavallo di un pesce-demonio. Harvey sorride e lo ringrazia del consiglio, e intanto pensa che non importa quanti animali enormi possano nuotare là in fondo all'oceano misterioso, la bestia peggiore sarà sempre e comunque l'invidia.

E sorride pure quando gli scrive P.T. Barnum, il grande

impresario del circo e degli spettacoli itineranti, che gli ordina "due esemplari di grossa taglia di quei pesci-demoni, senza badare a spese".

Così, come se parlasse di pizze o prosciutti. Ed è comprensibile, per uno che ha già in magazzino l'uomo-scimmia, una donna di 161 anni e una con quattro gambe, la sirena delle Fiji e lo scheletro di Cristoforo Colombo. Ma Barnum non si rende conto di quanto siano rari questi animali, che in tanti secoli ci hanno concesso solo lampi occasionali di sé, per sparire subito come i fantasmi a cui non credeva il professor Owen. Eppure, in questi giorni a Terranova, così rari non sembrano mica.

Un altro esemplare si arena a Bonavista Bay, uno sulla riva a Grand Bank e un altro ad Harbour Grace, poi a Hammer Cove e a Belle Isle. Alcuni sfuggono ad Harvey perché immediatamente fatti a pezzi e dati in pasto ai cani, ma il reverendo annota le date e le misure di ognuno, e riesce a portarsi via il calamaro spiaggiato a Catalina dopo una mareggiata, rimasto lì a dimenarsi per un paio di giorni. È l'esemplare intero più grande trovato fino a quel momento, è lungo tredici metri e gli occhi del reverendo non riescono a staccarsi da quelli della bestia, assai più grossi della sua testa.

Ma non c'è tempo per stupirsi, un altro fa la stessa fine a Lance Cove, a una trentina di chilometri da lì, e un bestione di diciassette metri viene avvistato al largo di Thimble Tickle, uno a James' Cove, un altro di nuovo a Portugal Cove e avanti così, senza respiro. Dal 1861 al 1871, almeno una sessantina di calamari giganti finiscono come esche o buttati via, ma ventitré nuotano dritti dal professor Verrill, che studia e descrive con attenzione ogni singolo esemplare, mettendo da parte la sua vita privata come ha fatto coi mobili del suo laboratorio, per il decennio forsennato in cui si è rovesciata su Terranova questa tempesta di mostri giganti.

E allora, non potendo più negarla, si è provato a spiegarla come una moria generale per qualche malattia o parassita, oppure – siccome succedeva quasi sempre in autunno – si trattava di esemplari sfiniti dopo l'accoppiamento. Si è parlato poi di una fluttuazione della corrente dal Labrador, di mutamenti climatici specifici di quella zona e altro ancora. Ma intanto, per dare il colpo di grazia alle truppe ostinate della ragione che già provavano a rialzare la testa, una tempesta simile si scatena dall'altra parte del mondo, intorno alla Nuova Zelanda, con bestie che raggiungono i diciassette metri.

Così, per stroncare ogni scappatoia, ogni tentativo di fuga dalle cose come stanno. Il calamaro non era vittima dei parassiti, delle correnti o della stanchezza post-coito, era solo incredulo e stufo della secchezza, della pochezza cieca del genere umano. E allora ha voluto travolgerci, spazzare via secoli di discorsi e lasciare qui sulla riva una sola, poderosa verità, evidente e inesorabile come un corpo sotto il sole che misura venti metri: il calamaro gigante, il Kraken, lo Sciu-Crak, il pesce-isola, il polpo colossale o come più ci piace chiamarlo, *esiste*.

Eccolo lì. Grande come dicevano le leggende, anzi di più.

Esiste, da sempre e per sempre.

Anche quando siamo in fila alle Poste, sul binario ad aspettare il regionale in ritardo, alla riunione di condominio dove da mezz'ora si discute sulla sostituzione dello zoccoletto battiscopa in corridoio. Intanto, lui è là nel mare che nuota.

Viviamo in un mondo pazzesco, folle, favoloso, dove il calamaro gigante, semplicemente, clamorosamente, è la realtà. Non si può più dire di no, dopo questa tempesta iniziata col tentacolo portato a casa dal piccolo Tommy Piccot.

E se qualcuno ancora dice che quel mattino sulla barchetta Tommy non c'era, e che magari quel bimbo non è mai esistito davvero, ecco, allora non ha proprio capito niente.

9.
I tentacoli di Babbo Natale

Stasera è la solita sera, esci dal lavoro e sei stanco della solita stanchezza, che non è fatica del corpo e infatti non ti sta dentro ma addosso, ti spegne la testa e ti dice solo di arrivare a casa il prima possibile, chiudere la porta e lasciare fuori tutto quel che puoi.

Però non sei l'unico, siamo tutti così, ognuno impegnato ad allontanarsi dagli altri il più velocemente possibile. Il risultato è questo ammasso di auto pigiate strette, ferme loro e fermi noi, bloccati dalla nostra voglia di correre via.

Stringi il volante e stringi i denti, gli occhi scavalcano la fila davanti, attraversano il buio zuppo della sera di dicembre e puntano la luce rossa del semaforo là in fondo. Che non cambia mai, non cambia mai, non cambia mai. Controlli se ci sono nuovi messaggi sul telefono ma non ci sono, cerchi un pretesto per mandarne uno a qualcuno, ma il rumore dei pensieri sale così forte nella testa da stordirti, allora accendi la radio e provi a coprirlo con quella.

E alla radio sono quattro le cose che puoi trovare: canzoni brutte, canzoni molto brutte, gente che litiga, gente che prega. Ma stasera hai già troppi pensieri, troppe parole amare attorcigliate nel cervello, non vuoi mischiarci quelle della gente che parla di calcio di politica di tasse di prodotti tipici e di Gesù, allora cambi e cambi fino alla prima canzone che incroci.

C'è uno che canta quanto gli manca una, quanto è bella e speciale e unica in mezzo alle altre che sono tutte uguali. E dovresti battere il ritmo sul volante, fischiare il ritornello che sono tre note in croce, invece ti viene da pensare a tutte le ragazze che la ascoltano, questa canzone, e la cantano sentendosi quella ragazza lì amata e speciale, un immenso coro di ragazze uniche che cantano le stesse parole con la stessa voce, tutte uguali.

Ma va bene così, va benissimo. Meglio che pensare a com'è andata oggi al lavoro, sennò ti deprimi. E il guaio non è che è andata particolarmente male, no, oggi è andata come ieri, come andrà domani e come sempre, nei giorni che hanno senso solo per il conto alla rovescia verso il fine settimana, quando finalmente potrai fare quel che vuoi, e quel che vuoi è startene in casa a non fare nulla.

Te l'avessero detto quando avevi sedici anni, e disegnavi la A di Anarchia nei bagni della scuola, sul banco, sullo zaino, pure sull'elastico delle mutande. Quando ti sentivi affogare alle cene di famiglia con tuo cugino Sergio, che era poco più grande di te ma faceva già il geometra, e tutti a dire quanto era bravo e serio, e tu ringraziavi il Signore di non essere fatto come lui. Ma l'hai ringraziato troppo presto, perché adesso eccoti qui, incastrato nella fila insieme a Sergio e a tutti, e come ci sei arrivato non lo sai nemmeno tu.

Allora va benissimo pensare alle mille e mille ragazze che cantano questa canzone scema, e magari unirti al coro anche tu, speciale come loro, unico come loro, come tutti quanti.

Ma quando apri la bocca e stai per cantare, la canzone finisce. Non è che sfuma, la staccano proprio, un attimo di nulla e poi la voce di una donna. Una voce bella, da radio appunto, però non ha quel tono pieno e convinto. Anzi, suona confusa come te che cerchi di capire cosa succede.

Buonasera, interrompiamo la trasmissione per un'edizione straordinaria delle news... è una notizia che ci è appena arrivata e i particolari ancora non sono... insomma, seguiranno aggiornamenti, però... ecco, poco fa a Preganziol, nel trevigiano, un cinquantaduenne titolare di un negozio di scarpe, Giancarlo Ballan, ha sorpreso uno sconosciuto nel suo appartamento. L'uomo, con accento straniero e un sacco in spalla, si era introdotto nel salotto mentre in cucina, ignari, la moglie e il figlio del Ballan preparavano la cena.

Quando si è trovato davanti l'intruso, il padrone di casa aveva in mano la sbarra d'acciaio per bloccare il portone, e ha reagito d'impulso. Poi ha chiamato la polizia, prontamente intervenuta per rianimare il presunto malvivente e portarlo fuori, dove le grida e le sirene avevano attirato una folla di vicini e passanti, impegnati a fare spese al locale mercatino natalizio.

Molti hanno scattato foto e girato video, dove si vede assai chiaramente l'anziano trascinato da due poliziotti, vestito di rosso e con una lunga barba bianca, che invece di coprirsi il volto saluta tutti, augura Buon Natale e ride giocondo. L'uomo oppone resistenza solo quando gli agenti cercano di farlo salire a bordo della volante, ripete che non può andare con loro e che ha ancora molto lavoro da fare. Poi mette due dita in bocca e fischia.

Allora dal cielo scende una slitta trainata da due file di renne, che atterra nello scompiglio generale. L'anziano sale a bordo, sventola il berrettone rosso e la slitta decolla in un suono di campanelli, carica di regali impacchettati.

Insomma, questi sono i fatti. E questa è la notizia. Non sappiamo bene come dirlo, e il tutto è al vaglio delle autorità che non si sono ancora espresse, però... ecco, signore e signori, Babbo Natale esiste.

Babbo Natale. Esiste.

Questo dice la radio. E accenna a un'intervista col signor Ballan, che si scusa dicendo che non poteva sapere, che era nervoso per il periodo lavorativo difficile, per l'ora e mezza di coda che si era fatto tornando a casa, e poi lo shock di trovare un intruso in casa sua, che era pure straniero, e...

E tu non ascolti più. Nessuno ascolta più. Lo vedi dalle auto intorno, che magari avevano la radio accesa pure loro, o hanno visto un post sui social, insomma lo sanno tutti. Infatti il semaforo è verde, ma la fila non scorre. Perché il primo là davanti non parte, quello dietro non gli suona, quello ancora dietro uguale, e nemmeno tu qua in fondo. La luce in cima a un palo di ferro ha cambiato colore, e allora? Cosa vuol dire, adesso? Cosa devi fare? Dove sei? Eri uscito dal lavoro e volevi tornare a casa, ma questo era prima, ora tutto è stravolto. Un terremoto ha colpito la realtà e l'ha frantumata per sempre, non c'è più nulla a cui tornare, ma un mondo diverso oltre le macerie, e passi vergini da inventarti verso quell'orizzonte imprevedibile.

Devi solo crederci, uscire dall'auto e metterti in cammino verso questa nuova, prodigiosa direzione.

E però no, niente di tutto questo. Resti in macchina, il semaforo diventa verde e parti, e dopo un altro po' di traffico torni a casa come sempre.

Perché la notizia alla radio me la sono inventata io, non è mica vera.

Non dico che Babbo Natale non esiste, anzi, però nessuno l'ha ancora sorpreso nel suo appartamento e abbattuto con una spranga. Eppure può benissimo capitare, domani sera o il giorno dopo o quando non ci pensi, perché nella realtà è successa una cosa non meno impossibile, quando si è scoperto che esiste il calamaro gigante.

Il Kraken, il mostro marino che per un paio di millenni ha riempito leggende e fantasie, nuota veramente nei mari di tutto il mondo. In *Ventimila leghe sotto i mari*, il capitano Nemo combatte con una bestia "di dimensioni colossali" che misura sei metri, ma quello è un capolavoro della fantascienza. Nella realtà, la bestia arriva quasi a venti.

Insomma, i viaggiatori antichi non erano bugiardi, certi studiosi non erano pazzi, i marinai non erano ubriachi. O forse sì, ma avevano ragione lo stesso.

E magari uno dice: "Poveracci, sono morti prima di sapere che era vero". Però no, loro lo sapevano eccome, infatti hanno insistito tirando avanti una vita storta e complicata, ma sempre piena di colori. Poveracci semmai sono quelli che hanno saputo solo criticarli e scuotere la testa, cercando di coprire i loro arcobaleni col grigio delle loro esistenze rigide e diffidenti. Sono morti prima di sapere quanto si sbagliavano, ma certe notti nel buio zitto della loro camera lo intuivano, e doveva essere tanto freddo e tanto grande, il nulla che li avvolgeva.

Fino alla pioggia portentosa su Terranova e la Nuova Zelanda, quando il calamaro gigante si è preso di forza il suo posto sul pianeta e nel libro della vita, e adesso quasi tutti sanno che esiste davvero.

Ma a parte questo, di lui non sappiamo molto altro. Da quei ritrovamenti eccezionali è passato un secolo e mezzo, con dentro tante innovazioni tecnologiche da farlo valere come un millennio. Abbiamo telecamere ad altissima definizione che scendono negli abissi, e reti da pesca a strascico che devastano il mare a profondità che prima dovevamo lasciare indisturbate, eppure non si è ancora riusciti a studiare il calamaro gigante nel suo ambiente, o a catturarne uno da tenere in acquario, e i pochi dati che abbiamo su di lui sono motivo di discussione tra gli esperti.

Una cosa certa è che il suo nome rende bene l'idea, perché in effetti è gigante, ma il suo aspetto non è troppo diverso da quello dei calamari normali che conosciamo.

Anche se molti di noi i calamari non li conoscono mica. Li hanno visti solo ad anelli e cubetti nel piatto, come se il loro habitat naturale fosse la tavolata di una sagra, in un mare di olio su un fondale di olive e patate.

Oggi è così, e lo sarà sempre più. Il nostro cibo è elaborato fino a renderlo irriconoscibile, un po' per compiacere la vanità artistoide dei cuochi, un po' per stuzzicare noi che mangiamo annoiati, ma anche perché in questo modo non ci rendiamo troppo conto dell'animale che stiamo ingoiando.

Involtini, filetti, bocconcini, le spume e le creme, le preziose miniature del sushi... uno spettacolo guarnito, fotografato, pubblicato e solo alla fine mangiato, senza che mai sorga il pensiero di cosa abbiamo effettivamente nel piatto. Non c'è più la forma dell'animale, niente zampe o pinne, niente bocca e soprattutto niente occhi: se lui non vede cosa gli facciamo, non lo vediamo neanche noi.

Mi torna in mente la mia nonna Mariuccia, la mamma del mio babbo, che faceva la contadina in una casa di sasso alla fine di una stradina tutta curve, con gli olivi al posto dei lampioni. Dopo quelli si apriva l'aia, dove lei ci aspettava dritta col suo vestito stretto sui fianchi secchi e due stivali di gomma che le arrivavano al ginocchio. Sempre uguale, estate e inverno, proprio non riesco a immaginarla con una camicia leggera o un cappotto – la nonna Mariuccia era vestita così ogni volta. E ogni volta sventolavo il braccio dal finestrino della macchina, e così faceva lei con la mano libera. L'altra invece scattava giù, a prendere il primo pennuto che aveva la scarogna di passarle accanto. Gallina, papera, oca, faraona, la nonna la tirava su per il collo e le faceva fare un giro nell'aria, uno solo, come una breve danza macabra, e alla fine di quel giro il ballerino era morto.

Infatti io ero felice di andarla a trovare, la nonna Mariuccia, ma insieme mi sentivo in colpa per quella gallina o papera che ogni volta moriva a causa mia.

Per tutto il pomeriggio provavo a non pensarci, correvo nei campi dietro alle capre, mi infilavo nel pollaio, mungevo la mucca e mangiavo i fichi o le nespole direttamente dai rami. Poi però arrivava l'ora di cena, e la nonna apriva il forno, tirava fuori la teglia e la piazzava in mezzo alla tavola, e lì dentro c'era la gallina o oca, tutta intera. Senza piume e arrostita, ma era sempre lei, con le zampe che fino a quel pomeriggio avevano razzolato in cerca di vermetti, la testa, il becco e pure la cresta in cima che piaceva tanto a mio zio Agostino. Stesa lì con gli occhi chiusi, come se dormisse in mezzo alle patate, dopo un giorno pieno di emozioni e una gita impegnativa dentro al forno.

Tutti si buttavano a prenderne un pezzo, a litigarsi le cosce le ali il petto e quel che preferivano. Una scena che oggi tanti vedrebbero come un orrore, farebbero subito un video e lo pubblicherebbero con qualche frase sdegnata, e sotto una valanga di commenti di fuoco e maledizioni mortali ai commensali e alla mia povera nonna Mariuccia, che alle galline raccontava di quando era giovane, e alla mucca ogni mattina leggeva l'oroscopo.

Insomma, tutto questo discorso per dire che, quando parliamo di calamari, spesso non abbiamo idea di cosa siano davvero. Li abbiamo visti solo fritti o ripieni, o spiaccicati sul bancone di una pescheria. E quindi non li abbiamo visti mai.

Perché loro sono diversi da noi umani, che da morti non cambiamo mica tanto. Se un tizio muore bene, sembra uno che dorme. Lo metti in piedi, gli apri gli occhi e gli piazzi un telefono in mano, e siamo noi. Appena un calamaro muore invece, sparisce con la vita tutta la sua magia.

Quel modo armonioso e ipnotico di spostarsi, la morbida potenza dei tentacoli là in fondo, che possono unirsi a formare un'unica punta che buca l'acqua, o aprirsi in una corolla come i raggi di un sole che accende il mare, danzando ognuno per sé eppure in armonia, perché parte del suo cervello sta proprio lì, e ogni braccio pensa un po' per conto suo. La capacità fantascientifica di cambiare colore, così immediata che in confronto i camaleonti sono dilettanti a una gara della parrocchia. I calamari, come le seppie e i polpi, sono astronavi aliene che aleggiano là sotto, piene di luci in ricognizione sul nostro pianeta.

E questo stesso miracolo, questa magia ipnotica, è il soffio vitale che anima il calamaro gigante. Solo che è un soffio lungo venti metri.

Il corpo vero e proprio, il mantello là in cima, è la parte più corta, contornata da una pinna trasparente che danza per gli spostamenti minimi e precisi, mentre per viaggiare veloce come un missile usa il getto d'acqua del sifone, da dove schizza pure la sua nuvola d'inchiostro nero. Il sangue invece è blu, perché al posto del ferro contiene il rame, e a pomparlo in circolo ci pensano tre cuori. Gli occhi sono due, tondi e scuri, grandissimi anche considerando le sue dimensioni: un capodoglio ha occhi di sei centimetri, quelli del calamaro superano i trenta. Perfetti per vivere nel buio degli abissi, dove la luce è pochissima e va raccolta tutta.

E sotto gli occhi comincia la parte più grande del calamaro, otto lunghe braccia tentacolari, più altri due tentacoli che sono lunghi ancor di più. Schizzano lontano ad afferrare la preda con le ventose che li ricoprono, ognuna orlata da un anello tagliente e dentellato, e la portano alla bocca. Che sta lì in mezzo ai tentacoli, e più che una bocca è un becco, uguale a quello dei pappagalli, con dentro una lingua ruvida che si chiama radula, e come una grattugia consuma il cibo prima di ingoiarlo.

Ecco, questo è grosso modo quel che sappiamo del calamaro gigante, il resto è ancora un misto di teorie, scommesse e fantasia. Quanto vive, come si riproduce, cosa mangia di preciso, se si illumina come certi calamari più piccoli, se resta placido sul fondale a nutrirsi di animali morti oppure è un predatore aggressivo che assalta tutto quel che osa muoversi intorno a lui.

È abbastanza sicuro invece che non siano vere le spaventose aggressioni ai danni delle nostre navi in giro per gli oceani. Se infatti un esemplare sta sulla superficie dove galleggiano le barche significa che è moribondo, e se si mostra un po' aggressivo è solo perché noi tendiamo a presentarci con arpioni e cannonate. Ma di norma, a noi il calamaro non fa niente di niente. E non perché è buono o gentile, o ha troppo rispetto per la specie umana. No, il fatto è che lui non ci calcola proprio, a lui di noi non importa nulla. I delfini saltano al nostro applauso e giocano con noi, le balene ogni tanto nuotano intorno ai subacquei e accanto alle navi, il calamaro gigante invece non ci aggredisce, non si esibisce, non viene nemmeno a trovarci una volta ogni tanto, come si fa pure con le zie più rompicoglioni. Per secoli pensavamo che non esistesse, in realtà siamo noi che per lui non esistiamo.

E questo, insieme alle sue dimensioni prepotenti, è un colpo durissimo al nostro ego.

Già, le dimensioni, pure su quelle si discute parecchio. Perché adesso si dice che la sua lunghezza massima è diciotto metri, ma come si fa a fissare un limite tanto preciso a una creatura di cui sappiamo così poco?

Non si potrebbe, non si dovrebbe, ma è più forte di noi: ora che nel nostro mondo (il *nostro* mondo) esiste questo animale enorme, almeno quanto è enorme lo vogliamo decidere noi. Diciotto metri, non di più. Come se appunto incontrassimo finalmente quel dolce vecchio che è Babbo Natale, e subito gli consegnassimo un lasciapassare pieno di timbri, per girare tra le nazioni ma solo nel periodo natalizio e in orari stabiliti.

Il calamaro gigante insomma è gigante, sì, ma non deve esagerare. Facciamo diciotto metri, tanto per restare sotto i venti. Una soglia psicologica, come i prezzi *tutto a 9,99*.

Ma un po' dobbiamo essere compresi, noi umani. L'esistenza di un essere tanto grande e sconosciuto è per noi un colpo durissimo. Siamo nati in questo mondo, in mezzo a tutta la vita naturale di cui facciamo parte, ma in un delirio di vanità ci siamo inventati una scala che sale e sale, e non porta da nessuna parte ma serve a staccarci dal resto. A sentirci superiori, unici, indisturbati.

Una volta era diverso. Era più facile ricordarci la potenza di quel che ci stava intorno. Raramente si moriva di vecchiaia, più probabile finire in bocca a qualche belva feroce. Adesso non ci sono quasi più, gli animali che ci mangiano. Ci sono serpenti, ragni, scorpioni, qualche ippopotamo nervoso e altre bestie che possono ucciderci per caso, ma io intendo quelli che lo fanno perché quando ci vedono gli cola la saliva tra le zanne per l'appetito. Perché ai loro occhi noi non siamo il centro dell'universo, la specie eletta, i creatori del Rinascimento e della Democrazia, i pittori della Cappella Sistina, i costruttori del Partenone e dell'iPhone. No, noi per loro siamo roba da mangiare.

E nemmeno un piatto delle grandi occasioni, ci mangiano solo quando proprio non trovano niente di meglio. Come me la domenica sera, quando torno a casa dopo un giretto e mi rendo conto che non ho nulla per cena. Apro il freezer senza speranza, e avvisto là in fondo, incrostata di gelo in un angolo buio, l'ultima pizza surgelata rimasta per sbaglio a fossilizzarsi.

Ecco, la pizza scaduta che ci mangiamo la domenica sera, questo siamo noi per quegli animali.

Un tempo succedeva spesso, e faceva bene alla nostra autostima. Perché le cose che fanno bene all'autostima degli umani sono quelle che la smorzano, che la trattengono un po' a terra. Era triste che ogni tanto uno zio o un cugino finissero sgranocchiati da un leone, una tigre, un orso o uno squalo, ma era pure utile.

Adesso invece, queste belve non ci sono quasi più. Il

grande squalo bianco, per esempio, lo chiamiamo il terribile predatore, lo squalo killer, l'assassino degli oceani. Ogni anno in effetti tre o quattro persone muoiono per i suoi attacchi. Ma nello stesso anno, gli squali che uccidiamo noi sono più di settanta milioni. Tre o quattro, contro settanta milioni: non mi sembrano un pericolo così tremendo. Anzi, sono loro a essere in pericolo, e il loro pericolo siamo noi. Che divoriamo le loro prede, devastiamo i loro territori, li spingiamo fino al baratro dell'estinzione. E però a quel punto ci fermiamo un attimo, mettiamo su associazioni benefiche e riserve naturali, per proteggere gli ultimi esemplari rimasti. E questo ci fa sentire bravi e buoni, quasi santi, e tremendamente superiori: siamo salvi e siamo pure generosi, siamo proprio lassù in cima alla scala degli esseri viventi.

Poi però ecco i tentacoli smisurati del calamaro gigante, che questa nostra scala la fanno tremare parecchio.

Allora, anche se lo conosciamo poco e non ci dà retta, dobbiamo fissargli dei limiti. Per avere dei riferimenti, e per ridimensionare lui, che con la sua sola esistenza ci ha ridimensionati.

E mentre ci sforziamo di scrivere saggi e organizzare conferenze per spiegare come mai non può crescere più di così, troviamo altri resti che sembrano suoi, ma non lo sono. È un animale diverso. E dunque, nella nostra lotta per contenere il calamaro gigante, salta fuori il calamaro colossale.

Colossale, sì, perché serviva un aggettivo ancor più clamoroso per questa creatura, che è più tozza e robusta e quindi ancor più pesante.

Intorno alla mezza tonnellata, ma appunto sono misure che fissiamo noi, cose che diciamo così per dire, dopo essere rimasti un bel po' senza parole. In realtà del colossale sappiamo ancora meno, e un maschio adulto non è stato trovato mai. Da qualche esemplare assai piccolo sappiamo che ha gli occhi ancor più enormi del suo amico, e il cervello a forma di ciambella, piazzato intorno all'esofago. Infatti quando mangia deve stare attento, perché un boccone troppo grande, invece di un'indigestione, può procurargli una lesione cerebrale.

Insomma, esiste pure lui. Là negli oceani ci sono un calamaro gigante e uno colossale. È più o meno quel che aveva dichiarato il povero Montfort due secoli fa, chiamandoli polpo Kraken e polpo colossale. Abbiamo tanto riso di lui, adesso non c'è nulla da ridere.

O forse sì, e tanto. Ridere di felicità. Perché il calamaro gigante non è l'arrivo, la conclusione di un cammino verso la scoperta totale e la certezza definitiva. Anzi, l'unica cosa certa è che, se ci sono loro, chissà quanti altri prodigi possono vivere ancora nel mare e in giro per il mondo, mai identificati, mai avvistati, mai nemmeno sospettati di esistere.

Il calamaro non è l'ultimo tassello, ma una porta. Una porta inattesa lì a un certo punto del muro, e noi pensiamo che si apra su uno stanzino, invece ci spalanca davanti un panorama immenso, nuovo e tanto più vasto del nostro. Affacciandoci, capiamo che fino a questo momento in uno stanzino c'eravamo noi, uno sgabuzzino illuminato dal neon freddo della nostra ragione. E il mondo eccolo là, spaventosamente, meravigliosamente sconosciuto, più gigante del calamaro gigante, più colossale del calamaro colossale, smisuratamente più grande di noi.

Così pazzesco che nemmeno questi calamari enormi possono stare tranquilli. Tengono gli occhi sempre spalancati, perché sanno che pure addosso a loro, grossi come navi da guerra e lì a duemila metri di profondità, può capitare all'improvviso qualcosa che li travolge per sempre.

Questa cosa ha il cervello più grande del pianeta, e la sua cacca ha un profumo celestiale. Ha appena preso un'ultima boccata d'aria, poi punta giù verso l'abisso. E noi insieme a lei, con la meraviglia che ci ruba il fiato.

10.
I bambini nascono in gelateria

Siccome quel che vogliamo davvero nella vita non lo sappiamo, forse l'unico modo per trovarlo è perderci. Perderci tantissimo, fino a non capire più dove siamo. E lì rischiamo di inciamparci addosso.

Come Sinbad il marinaio, che nelle *Mille e una notte* naufraga così tante volte da non farci più caso, finisce su un'isola sconosciuta e là scopre posti da sogno, con montagne di cristallo e sassi per terra che sono pietre preziose. Ma il massimo del prodigio è una sorgente che versa una poltiglia scura fino al mare, dove i pesci la mangiano e poi la vomitano, e quella torna a riva trasformata nella sostanza più rara e ricercata del mondo, l'ambra grigia.

Il suo profumo indescrivibile accompagnava i riti dell'Antico Egitto, riempiva i palazzi delle regine d'Oriente e rendeva unici i cibi dei sultani, mentre i medici la usavano per curare la testa e il cuore e le riconoscevano effetti afrodisiaci. Allo stesso modo in Europa le dame più nobili portavano al collo una piccola gabbietta tonda, appesa a una collana d'oro adornata di gioielli, ma la vera preziosità era il suo contenuto: un frammento di ambra grigia, che purificava l'aria intorno e teneva lontana la peste.

Infatti, quando dici che una cosa si vende a peso d'oro, nel suo caso la offendi, perché l'ambra grigia costa assai di più. E non serve setacciare il letto dei fiumi o infilarti nel buio delle miniere, la puoi trovare passeggiando lungo la riva dell'oceano. Arriva lì, sulla spiaggia, e di sicuro finisce in mano alla gente più ricca del mondo.

Da dove viene, invece, è stato a lungo un mistero.

Giravano le teorie più sfrenate, per i cinesi era il soffio di un drago condensato dal mare, per i filosofi arabi un tartufo che cresceva nel fondale o il frutto di qualche pianta sottomarina, un minerale eruttato dagli abissi, un misto tra miele e cera d'api capitato a rotolare tra le onde e via così: nel 1667 Justus Fidus Klobius contava già per l'ambra grigia diciotto origini diverse, utili a riempire secoli e secoli di dibattito scientifico e chiacchiere di corte.

Fino alla sera del 13 febbraio 1783, quando alla Royal Society di Londra si dà lettura di "un resoconto sull'Ambergris" del dottor Frank Schwediawer, che è austriaco ma vive in Inghilterra, e siccome non conosce tanto bene la lingua preferisce parlare con i fatti.

Ha esaminato vari pezzi di questa sostanza, e in nessun caso ha trovato "artigli o becchi di uccello, piume, piante o conchiglie o lische di pesce". Quel che non manca mai, invece, sono i becchi del calamaro.

Lì per lì non riusciva a spiegarsi questo fatto, poi alcuni cacciatori di balene gli hanno raccontato con grande disinvoltura che l'ambra grigia si può trovare sulle rive del mare, sì, ma in quantità molto maggiori nelle viscere dei capodogli. Anzi, quando si avvista un esemplare che nuota a fatica e sembra in difficoltà, bisogna arpionarlo di corsa perché probabilmente ha il ventre pieno di quella sostanza.

Così, oggi sappiamo che l'ambra grigia viene prodotta da queste balene, abituate a mangiare calamari e seppie, buoni e nutrienti ma con un becco durissimo e indigeribile che resta a tormentarle nello stomaco. Allora la sostanza avvolge i becchi, li impacchetta e li fa passare dall'intestino senza troppi danni, fino a liberarsi con gli escrementi. Ecco perché all'inizio ha un colore marrone scuro e un pessimo odore, ma galleggiando per anni nell'oceano diventa più chiara e prende quel suo profumo inebriante.

Insomma, anche in questo caso non servivano troppi dibattiti tra tartufi marini, soffi di drago e minerali degli abissi, bastava chiedere alla gente del mare. E scoprire così che la soave ambra grigia, l'essenza delle regine, il dono degli Dèi ai mortali per offrirci un assaggio dell'aria che si respira in Paradiso, è la cacca di una balena che ha fatto indigestione di calamari.

L'industria dell'alta profumeria non ha mai dato risalto alla notizia, ma tra gli studiosi si è infiammato un nuovo dibattito. Anche perché, se il capodoglio produce una sostanza specifica per proteggersi dai becchi di calamaro, significa che ne mangia davvero parecchi. Anzi, il contenuto del suo stomaco conferma che si tratta del suo cibo principale. Polpi, seppie, razze, qualche squalo e altri grossi pesci assortiti, ma soprattutto tanti calamari. In un capodoglio si possono trovare tranquillamente dai cinque ai settemila becchi, ma è capitato di contarne trentamila. Trentamila tutti insieme.

E non parliamo mica dei calamari che mangiamo noi. Quelli sono troppo piccoli, sarebbe come se noi provassimo a sfamarci solo coi mirtilli, piluccandoli uno per uno. Il capodoglio deve mangiare ogni giorno due tonnellate di cibo, se prova ad arrivarci a forza di mirtilli fa prima a morire di fame.

Lui punta a calamari di taglia media, che vanno sui due metri di lunghezza e cominciano a essere bocconi decenti. Ma insieme ai loro becchi, nella sua pancia ce ne sono altri, diversi nella forma e parecchio più generosi nelle dimensioni, che ci dicono una cosa sola, semplice e impossibile: il capodoglio riesce a mangiare pure i calamari giganti.

Però no, non può essere. Quelli sono mostri enormi e vivono a profondità estreme, il capodoglio è un mammifero che respira l'aria come noi, non può scendere laggiù. Se non soffoca prima, muore schiacciato dalla pressione o lo uccide l'embolia mentre tenta la lunga risalita, su questo l'accordo è generale.

Cioè, quasi generale, perché nel 1900 arriva Willy Kükenthal, uno zoologo tedesco che è pure esploratore. Ha viaggiato su fino al Polo Nord e giù all'Equatore, e in vita sua ha visto abbastanza stranezze per poterci buttare dentro pure questa, dichiarando che "il capodoglio può scendere anche a mille metri di profondità".

E saremmo ancora qui a ridere di lui, se non esistessero i cavi sottomarini.

Dalla metà dell'Ottocento, quando ne abbiamo steso uno così lungo da poterci scambiare messaggi col telegrafo tra l'America e il Vecchio Continente. Prima ci volevano settimane perché una notizia attraversasse l'Atlantico, adesso che l'umanità poteva comunicare in modo così rapido e preciso, si pensava che sarebbe arrivata altrettanto veloce la pace nel mondo.

Ma se quella dopo due secoli la stiamo ancora aspettando, intanto abbiamo riempito i fondali oceanici di cavi. È grazie a loro se in un istante possiamo vedere una donna nuda o un uomo nudo che sta in America, in Giappone o in qualsiasi angolo del pianeta, tranne al Polo Nord. Lì i cavi ancora non arrivano, ma non è un problema, perché col freddo che fa lassù penso sia difficile che quella gente abbia voglia di stare nuda.

O forse mi sbaglio, non lo so. So soltanto che mentre si rideva di Kükenthal, e si insisteva che i capodogli non potevano scendere in profondità, una barca al largo dell'Ecuador era impegnata a riparare un cavo che stava a 513 metri, l'ha tirato su a fatica e ci ha trovato appeso un capodoglio senza vita, impigliato con la mandibola.

Un attimo di smarrimento, poi si è trovata una spiegazione: la balena era morta prima, è affondata laggiù e le correnti l'hanno incastrata nel cavo. Ma certo, era andata così, e si è rimasti tranquilli per un po'. Fino al 1932, quando tra l'Ecuador e il canale di Panama si tira su un altro esemplare, stavolta tutto avvolto dopo una lunga e inutile lotta con il cavo. Poi succede ancora, ancora e ancora, tanti incidenti a profondità che raggiungono i mille metri, fino a oggi che ormai autorizziamo il capodoglio a scendere oltre i duemila.

Ma per crederci abbiamo dovuto trovarlo lì, secco e appeso ai nostri cavi mentre rovistava nel buio del fondale, e forse quel tubo lungo e massiccio gli è sembrato proprio ciò che stava cercando: un enorme, succoso tentacolo.

Sì, perché è questo che spinge il capodoglio ad avventurarsi in posti così lontani dal suo. Gli succede infatti quello che succederebbe a noi, se davvero ci nutrissimo solo piluccando mirtilli: sono buoni i mirtilli, sono buonissimi, fanno bene alla salute e ti viene una vista che trapassa i muri. Però, se a un certo punto ti dicono che c'è una teglia di lasagne che ti aspetta all'Inferno, ecco che schizzi laggiù a bussare con la bava alla bocca.

E uguale il capodoglio, che nell'inferno degli abissi sa di trovare i calamari più grossi del mondo. Prende una boccata d'aria che gli deve durare quasi due ore e poi giù col suo tuffo poderoso, la famosa coda fatta a V che esce dall'acqua per un ultimo saluto al sole prima di sparire là in fondo, portandoci con sé nel buio del mistero.

Centro metri, duecento, la luce già non filtra più, ma il viaggio è appena iniziato e lui scende ancora e ancora, nella tenebra totale dove non vedi niente, nemmeno dov'è il sopra e il sotto. Questo è il posto giusto: lo scontro più clamoroso, lo spettacolo più impressionante del pianeta si svolge qui, dove è impossibile vederlo.

Non c'entra nulla con le lotte tra animali che conosciamo noi, il leone con la gazzella, lo squalo con la foca, il ragno con la mosca. Che sia la savana o l'oceano o qualsiasi angolo di casa nostra, quelli si confrontano sullo stesso terreno. Sono esseri che vivono più o meno nella stessa dimensione, uno insegue e uno scappa, e avanti così. Quaggiù invece è una battaglia tra due pianeti diversi. C'è una creatura che respira l'aria come noi, un mammifero coi polmoni che vive guizzando sul pelo dell'acqua, ma ha come cibo principale un essere che sta nelle tenebre dell'abisso, non ha bisogno dell'aria lassù e anzi non ne sa nulla. Del sole, del vento, nemmeno di cosa sia il peso della gravità: il calamaro gigante ha piccole sacche di cloruro di ammonio nella muscolatura che lo rendono idrostaticamente neutro. Vuol dire che in acqua, se resta immobile, non va a fondo né tende a salire, semplicemente fluttua senza peso. I suoi movimenti sono come quelli di una atleta di ginnastica ritmica che si esibisce col nastro, solo che i suoi nastri sono dieci sinuosi tentacoli, lunghi più di dieci metri, e il calamaro esegue la sua danza in assenza di gravità. È un volo, un soffio, una brezza. Però è grosso come un paio di autobus messi insieme.

Oltre al dono del volo, queste sacche di cloruro gli danno pure un forte sapore di ammoniaca, che lo mette al sicuro dalla nostra voracità di fritto misto. Ma purtroppo per lui il capodoglio non ha olfatto né papille gustative, quindi è un mangiatore poco schizzinoso. Infatti arriva quaggiù con una fame divorante, trattenendo il fiato e nuotando contro tutte le leggi fisiche a cui obbediamo sulla terraferma, con la sua testa così dura e grossa che può affondare una barca.

È un colosso, è Moby Dick, è quasi sessanta tonnellate di potenza massiccia, e si ritrova davanti il calamaro gigante che è lungo quanto lui ma balla leggero, ipnotico e affusolato: se un giorno arriveranno finalmente gli alieni sulla Terra, e saranno cattivi come ci insegnano i film degli anni cinquanta, lo scontro tra noi e loro non potrà essere più strano ed estremo di questo.

Infatti non è che ci abbiamo capito ancora un granché. Non è chiaro per esempio come facciano i capodogli, rigidi e lenti, ad agguantare i calamari giganti che negli abissi viaggiano come fulmini, cambiano direzione in un istante e schizzano via con un soffio del sifone. Tra loro non è una competizione difficile, è che proprio non c'è gara. Come tra una freccia e un comodino. Come tra un missile e l'Apecar del signor Urano, un caro amico del mio babbo. O almeno fino al giorno che Urano ci ha montato sopra il motore di un'ambulanza. Ecco, da quel momento, e per il breve periodo prima di spiaccicarsi contro il muretto della scuola, tra l'Ape di Urano e un missile poteva starci una sfida. Ma in fondo al mare non esiste nessuno che possa truccarti il motore, non esistono trucchi in generale.

Cioè, uno sì, un trucco ci deve essere, altrimenti il capodoglio sarebbe morto di fame da millenni. Però non sappiamo qual è.

Magari c'entrano gli ultrasuoni che produce per orientarsi, li spara come bordate sonore che stordiscono il calamaro e così può mangiarlo in tranquillità. Chissà. Non sappiamo nemmeno come facciano il capodoglio e il calamaro a incontrarsi, nella tenebra totale degli abissi smisurati.

Forse è appunto merito del radar del capodoglio. Forse apre la mandibola e setaccia il fondale a caso finché non trova qualcosa. O magari il biancore dentro la sua bocca spalancata crea un alone luminoso che attira il calamaro verso di lui.

Oppure, semplicemente, il capodoglio e il calamaro si incontrano come succede a noi quassù, con le persone che davvero ci cambiano la vita: perché è scritto che dobbiamo incontrarci.

Come una sera d'estate di qualche anno fa, non tanti ma abbastanza perché non ci fossero ancora i social a farci tornare in contatto con tutti – ex amici, ex vicini di casa, ex compagni delle medie, delle elementari e pure dell'asilo, che ci scrivono per sapere come stiamo, cosa facciamo, se abbiamo risolto quel problema della pipì addosso.

Insomma, quella sera facevo due passi a caso sul lungomare, e mi ritrovo davanti uno che mi sembra assai più vecchio di me, quindi ha la mia età.

Mi fissa con gli occhi spalancati, poi chiama una ragazza, mi indica e le dice qualcosa, allora pure lei comincia a guardarmi emozionata. Mi salutano, mi salutano ancora, lui si avvicina e un po' rigido mi abbraccia. E con accento emiliano mi fa: "Fabio! Fabio! Mamma mia, quanto ti abbiamo cercato!".

Si stacca un attimo, mi sorride, e forse legge la confusione nel mio sguardo: "Ma te non ti ricordi di me, vero?".

Allora io rispondo come si deve fare quando non te lo ricordi, quando proprio non hai la minima idea di chi possa essere la persona che te lo sta chiedendo. Devi spalancare gli occhi, e dire: "Eh? Ma scherzi? Certo che mi ricordo, mi ricordo benissimo, e con molto molto piacere. Oh, ma ti pare che non mi ricordo di te?".

"Be', sai, è passato tanto tempo."

"Vero, tantissimo, avevamo vent'anni!" butto lì. È un azzardo, ma non troppo: per motivi legati ai passatempi di quel periodo, a partire dai vent'anni c'è un decennio abbondante della mia vita che è come un lungo sogno strano, con qualche immagine che affiora ogni tanto e poi sparisce di nuovo, ma cos'è successo di preciso, o anche di poco preciso, non lo so.

Infatti lo sconosciuto fa di sì, e la sconosciuta pure. Poi lui mi dice il nome, la situazione, e finalmente capisco che era l'amico di un amico, venuto in vacanza a Forte dei Marmi una sola estate, a vent'anni appunto, e c'eravamo rimasti simpatici perché entrambi ascoltavamo i Sepultura.

"Ti ricordi l'ultima sera, che io poi tornavo a Modena e ci dovevamo vedere in gelateria, per salutarci? Ecco, io c'ero, son rimasto un'ora ad aspettarti, però te non sei mai venuto."

"Eh? Davvero? Oh no, scusami, io non... ora non mi ricordo come mai, però sarà successo qualcosa, per forza, e non c'erano i cellulari per avvertire, e... e insomma, scusami davvero, ma..."

"Ma figurati, Fabio, non ti devi scusare! Anzi, noi è una vita che ti cerchiamo, perché volevamo dirti... *grazie!*"

Proprio così mi dice, con un sorriso che nel mondo un altro tanto luccicante ce l'ha solo la ragazza accanto a lui.

"Grazie, grazie, grazie. Perché quella sera, il gelato alla fine l'ho preso da solo, e in gelateria ho conosciuto lei, che mangiava il gelato da sola. Ci siamo messi insieme, ci siamo sposati, e così è arrivata anche *lei*!" e tutti e due indicano l'angolo del marciapiede dietro di me, dove una bimba coi capelli molto lunghi saltella guardandosi in una vetrina. Si chiama Elisa, la chiamano così, lei si volta e mi saluta con la manina, pure lei come se mi conoscesse.

E mentre andavano avanti a raccontarmi di come avevano cominciato a parlare, dove si erano rivisti, cosa facevano di lavoro e come mai quest'anno erano tornati qui in vacanza, io li ascoltavo quanto bastava per annuire a tono, ma in realtà pensavo alla vita, alla nostra vita sbilenca, che noi stiamo qui a valutare e ponderare e progettare, ma le cose più importanti arrivano sempre così, per caso o per sbaglio, o perché un idiota deve venire a prendere un gelato con te ma se lo scorda e ti lascia solo, allora incontri la tua anima gemella e non sarai solo mai più.

Insomma, in un certo senso sono io che ho messo insieme

questa coppia, e l'ho fatta sposare, io ho fatto nascere una bambina. È successo davvero, qualche anno fa.

Adesso sono divorziati, ma senza troppi litigi. La bimba sta un po' con tutti e due, ha i capelli ancora lunghissimi e suona il pianoforte. Magari lui ha incontrato una meglio, o l'ha incontrato lei, e va bene così. Perché appunto non importa cosa fai, dove sei e cosa vuoi, se ti devi incontrare ti incontri, punto e basta. La vita è un mucchio di cose a caso che ti rotolano addosso tutte insieme, ma se ti volti un attimo indietro e guardi come sei arrivato fino qui, vedi che i momenti importanti sono successi precisi quando dovevano, a disegnare la tua strada.

E forse è uguale per il capodoglio e il calamaro gigante, laggiù nel buio degli abissi. Si incontrano per lo stesso motivo senza motivo: perché devono incontrarsi.

E quando succede, lo spettacolo è clamoroso.

Noi possiamo solo immaginarlo, dalle grandi cicatrici rotonde che le ventose dei calamari lasciano sul muso dei capodogli, e dai racconti dei pochi fortunati che hanno assistito agli ultimi attimi di questa battaglia, quando il capodoglio è ormai tornato in superficie ma il calamaro insiste a non voler morire.

Frank Bullen per esempio, che a nove anni viveva in strada e a diciotto girava il mondo sulle navi, di avventure ne ha provate parecchie in vita sua. Eppure quella notte di luna piena sull'Oceano Indiano, nello stretto di Malacca, la ricorda come "la cosa più incredibile che abbia mai visto".

Possiamo perdonarlo se si lascia prendere la mano, e dice che lo scontro era tanto impetuoso che all'inizio l'ha scambiato per l'eruzione di un vulcano sulla vicina isola di Sumatra. Pure Melville in *Moby Dick* scrive che il calamaro, per non farsi strappare dagli abissi, si appiccica al fondale coi tentacoli, che sono un'infinità e ricordano "una nidiata di anaconda". È comprensibile, è quasi giusto esagerare un pochino anche noi, in mezzo a questo turbine dove la realtà sfida la fantasia, la supera e la umilia lasciandola in ginocchio senza fiato.

Come senza fiato sono rimasti gli uomini di una baleniera sovietica, un mattino del 1965, davanti agli spasmi di un capodoglio di quaranta tonnellate, soffocato dai tentacoli di un calamaro enorme che insisteva a stringerlo e intanto moriva anche lui, con la testa ormai ingoiata dalla balena.

Ma se i resoconti in superficie sono rarissimi e straordinari, nelle profondità del mare si tratta di un fatto normale, che capita tutti i giorni.

Infatti tutti i giorni io ci penso. Ci penso spesso, tanto spesso, nei dintorni di sempre. E in qualche modo quella realtà lontanissima e abissale mi fa vivere bene qua sulla terraferma.

Perché magari sono alla stazione e il treno è in ritardo, o in macchina verso un posto che non trovo, in pizzeria che aspetto la pizza, ad ascoltare un mio amico che è triste o mia zia che le fanno male le gambe o il meccanico che mi dice di aprire il cofano e io non so come si fa. Ed ecco che dal nulla scivolo di lato verso questo pensiero, questo sogno che però è verità, e cioè che intanto laggiù nel buio profondo del mare ci sono un capodoglio e un calamaro lunghi decine di metri e pesanti tonnellate, che combattono stretti e insieme danzano nell'abbraccio di tentacoli lunghissimi, nella morsa di denti che ognuno pesa un chilo, per decidere chi vivrà un giorno in più.

E in mezzo al loro furioso confronto, immagino queste due creature enormi che all'improvviso si bloccano, girano i loro grandi occhi da questa parte e mi trovano qui, seduto minuscolo su una roccia del fondale con l'espressione ansiosa. E dalle loro bocche piene di affanno e carne e battaglia, mi chiedono: "Oh, cosa ti succede?".

E io, dopo un respirone: "Eh, il treno è in ritardo di dieci minuti, mi sa che perdo la coincidenza per Sarzana".

Oppure: "Secondo me le piaccio, però non capisco, perché certi giorni invece è come se non esistessi, e...".

O un altro tra i mille sassolini della ghiaia che ci grava sull'anima e la tiene a terra. Non importa quale, perché la loro reazione è la stessa: il capodoglio e il calamaro gigante, avvinghiati e immobili, mi fissano a lungo, poi si guardano tra loro, poi tornano a me. E: "Be', certo, son problemi, sì... adesso però abbi pazienza, ma anche noi qua abbiamo un po' da fare. Tu sta' lì, e magari scostati un attimo, e possibilmente vaffanculo".

Questo mi dicono, l'ultima parola già storta dalla lotta che torna subito furiosa, travolge il fondale dell'oceano e stravolge me, spazzandomi via insieme alle ansie e a tutte le piccole cazzate con cui riusciamo a rovinarci la vita.

Ma pure in quelle rare, rarissime occasioni in cui non si tratta di cazzate ma di problemi seri, battaglie vere che ci tocca affrontare e sono enormi come la loro, ecco, anche in quel caso pensare al calamaro gigante laggiù, e alla lotta col capodoglio che sempre e per sempre combatte, mi dà forza e mi porta via, lontano lontano lontano.

In che posto di preciso non lo so, ma il preciso non serve a nulla nel nostro mondo matto. Dove esiste il Kraken, esiste Babbo Natale, e con loro chissà quante altre meraviglie assortite. Dove il capodoglio e il calamaro gigante sono lì che combattono tutto il tempo, in uno spettacolo così grandioso che noi possiamo a malapena immaginarli, e sperare di trovarne qualche pezzetto di cacca per tenercela addosso. Dove i dinosauri sono stati la normalità, e qualcuno di loro è sopravvissuto fino a oggi schivando lava e meteoriti per vedere cosa combiniamo. Dove i bimbi magari non nascono sotto i cavoli e non li porta la cicogna, ma li fa nascere uno scemo che una sera si dimentica di venire a prendere un gelato con te.

Ci penso, ci ripenso, e volo via. Nel cielo o nel mare, è la stessa cosa, sono le stesse parole a ballarmi in bocca all'infinito, come un mantra che sciacqua via le ansie i pensieri e le mille zavorre di questa nostra testa scema:

Calamaro gigante, calamaro gigante, calamaro gigante

Mentre il ritardo del mio treno aumenta: *calamaro gigante.*

Mentre la mia auto muore e comincia a piovere: *calamaro gigante.*

Mentre aspetto un messaggio che non arriva, mentre il numero dell'assistenza mi tiene lì da mezz'ora con una voce da robot, mentre l'Italia vince i mondiali o io perdo le chiavi di casa, in realtà io sono altrove, in fondo agli abissi e in cima alla marea, che sale e sale e dove mi porta non lo so né mi interessa.

Solo spalanco gli occhi da ogni parte, per riempirli di questo orizzonte smisurato, dove niente più ha senso e quindi tutto può averne, tutto può esistere e succedere.

Perché se esiste davvero il calamaro gigante, non c'è più un sogno che sia irrealizzabile, una battaglia inaffrontabile, un amore impossibile.

E magari i nostri sogni finiranno tutti nel cesso, le battaglie importanti le perderemo una per una, e il nostro grande amore non ci darà nemmeno un bacio dato male prima di sparire per sempre. Non importa, comunque avrà avuto senso crederci, e provarci, combattere, e amare.

Mentre un respiro ci cresce dentro, ci avvolge come un tentacolo poderoso e ci porta via, in una canzone che sa di acqua salata e stupore, di paradiso e di casa, e fa così:

Calamaro Gigante, Calamaro Gigante, Calamaro Gigante.

Calamaro.

Gigante.

11.
Tutto intorno danza

Torniamo un attimo indietro, a una cosa che non c'entra nulla ma insieme tantissimo.

Estate del 1831, canale di Sicilia, tra Sciacca e l'isola di Pantelleria. Da qualche giorno ci sono scosse di terremoto così forti che le hanno sentite pure a Palermo, le barche vedono colonne di fumo uscire dall'acqua e i pescatori trovano i pesci a galla, già belli e cotti. Cos'è successo da queste parti non si sa, ma solo perché deve ancora succedere.

Il fumo aumenta, il mare ribolle, e nella notte tra il 10 e l'11 luglio il vulcano che sta sul fondale fa come noi, quando ci teniamo dentro qualcosa di brutto, ma aumenta e aumenta finché proprio non ci sta più, allora apriamo la bocca e sputiamo fuori la lava bollente e tutto lo schifo che abbiamo rinchiuso nel cuore per troppo tempo.

Nel nostro caso, ne nascono drammi e casini e probabilmente finisce un'amicizia, un amore, una famiglia felice.

Nel caso del canale di Sicilia invece, quella notte nasce un'isola.

Grande appena quattro chilometri quadrati, giusto un giretto in bici, però fa una bella differenza poter pedalare dove prima avevi solo modo di affogare in mare aperto.

Ma se l'isola interessa tanto, non è per ragioni sportive. È un nuovo, strategico punto d'appoggio nel Mediterraneo, per il commercio e le manovre militari.

Il primo a osservarla è Friedrich Hoffmann, un geologo tedesco che in quei giorni stava in Sicilia a studiare i vulcani, e non poteva scegliere un momento più fortunato. Ma già le vele del secondo arrivato sono spinte da qualcosa che non è il caso: l'ammiraglio sir Percival Otham accorre a prendere possesso di questa nuova terra in nome di Sua Maestà, e il 24 agosto il capitano Jenhouse ci pianta la bandiera britannica, battezzandola Graham Island.

I Borbone, signori della Sicilia, protestano duramente perché l'isola si trova lì davanti alle loro coste e quindi è di loro proprietà, cosa c'entrano gli inglesi? Nel diverbio non si fanno attendere i francesi, che per contrastare le mire britanniche inviano un brigantino. A bordo il geologo Constant Prévost, che dopo tre giorni di rilevamenti spiega la natura friabile di quella roccia, già sta franando sotto le onde ed è probabile un crollo improvviso e totale.

Nessuno però lo ascolta, nemmeno i suoi compagni, che infatti mentre lui parla scelgono il punto più alto dell'isola e ci piantano la bandiera francese, dandole il nome di Julia.

Da parte sua, Ferdinando II di Borbone manda la corvetta bombardiera *Etna*, a farci sventolare pure la bandiera borbonica e battezzarla come Ferdinandea. In risposta, gli inglesi inviano una fregata pronta alla battaglia.

Ma intanto, mentre nell'aria monta lo spettro di una guerra, nel mare le onde cancellano l'isoletta pezzo per pezzo. Fino all'8 dicembre, con la tensione tra i governi ai massimi livelli, quando il brigantino *Achille* passa di lì, scruta l'orizzonte intorno e dà la notizia che l'isola non esiste più.

Il mare le ha fatto quel che la mia mamma minacciava di fare a me, quando ero proprio insopportabile: "Guarda Fabio che io, come ti ho fatto, ti disfaccio!".

L'isola è nata dall'acqua in un attimo, e in un attimo c'è

sparita, portando con sé tante bandierine, i vari nomi affibbiati in tre mesi di vita (Graham, Julia, Ferdinandea, Corrao, Nerita, Hotham, Sciacca...) e tutta l'idiozia del genere umano.

Anzi, un po' di idiozia ancora avanzava, infatti nel 1986 un aereo militare degli Stati Uniti che sorvolava la zona ha intravisto il suo profilo roccioso rimasto nei fondali, l'ha scambiato per un sommergibile libico e l'ha generosamente bombardato.

E se è già notevole l'assurdità di questi litigi per un puntino friabile al largo della Sicilia, si arriva all'incredibile quando invece si considera che nell'Oceano Pacifico esiste un'altra isola tanto più grande, come tre France, come cinque Germanie o sei Italie, e avremmo tutto il diritto di piantarci la bandiera perché l'abbiamo creata noi, eppure quell'isola non la vuole nessuno.

È là, sembra impossibile ma esiste davvero, come le mille follie naturali che abbiamo incontrato nel nostro viaggio sbilenco: un'isola enorme tra il Giappone e le Hawaii, fatta tutta di plastica.

Anzi, lei forse è ancora più incredibile del calamaro gigante, della sua battaglia col capodoglio, del Kraken e del Celacanto, di Babbo Natale, del Paese della cuccagna e di tutto il resto: loro infatti ce li eravamo immaginati e se ne parlava da secoli nelle leggende, a quell'isola invece non era mai arrivata nemmeno la più sfrenata delle fantasie.

Fino al 1997, il giorno che Charles Moore tornava da una regata in Australia e la sua barca ci si è trovata in mezzo. Lo scafo avanzava a fatica, aprendo in due questa pianura di immondizia che si stendeva senza fine all'orizzonte, allora Moore si è tappato il naso e ha tirato dritto, sperando di lasciarsi presto alle spalle questo orrore.

Ci ha messo una settimana.

Ed è arrivato in porto col cuore a pezzi, la barca zozza, e una notizia spaventosa da dare al mondo.

Che oggi ormai la conosce bene, questa realtà surreale, grande più di un milione e mezzo di chilometri quadrati e formata da ottantamila tonnellate di rifiuti.

Ma c'è una cosa ancora più assurda di lei, delle guerre per l'isola Ferdinandea, dei mille prodigi che abbiamo raccontato fino qui e di quel che ancora potrebbe venirci in mente, e cioè il modo in cui questo nuovo continente di spazzatura è nato.

Perché tutto parte da un fatto che per noi è ovvio, banale e quotidiano, e cioè che gli esseri umani, per fabbricare oggetti usa e getta, da prendere e buttare via, impiegano un materiale che è praticamente eterno.

Da qui, da questa normalissima, banalissima follia, tutto è iniziato, e tutto finisce. Perché la plastica che accumuliamo nel pianeta è come certi ospiti molesti che si presentano a casa nostra per una bella visita improvvisata: una volta arrivata, non se ne va mai più.

La Natura infatti è una cosa unica, fatta di pezzetti che si smontano e si rimontano in varie forme e sostanze. Il legno, la carta, le pietre le piante i torsoli di mela, le briciole di pane gli sputi per terra e noi, tutto si mescola e si consuma fino a sparire, e diventa parte di qualcos'altro. La plastica invece no, lei resta. Ecco perché dovremmo usarla solo per cose che ci dureranno una vita, che rimarranno con noi mentre cresciamo e invecchiamo, e a quel punto potranno passare in eredità ai nostri figli prediletti, perché noi siamo finiti ma lei è ancora lì, perfetta e pronta per un altro giro.

Invece con questo materiale eterno realizziamo forchettine trasparenti che si spezzano dopo due bocconi e accendini che durano tre sigarette e non funzionano più. Usciamo dal supermercato con una manciata di ciliegie custodite in uno scrigno di plastica grosso come un cassonetto, e teniamo l'acqua in bottigliette da scolare in un minuto, ma destinate a durare – vuote e inutili – per almeno mezzo millennio.

Ecco, questa è la follia, la plastica si butta, la plastica resta.

Anzi, non è vero che resta: la plastica viaggia.

Dicono che tutte le strade portano a Roma, ma io una volta sono rimasto sei ore sul Grande Raccordo Anulare tentando di entrare in città, alla fine mi sono arreso e sono andato a Viterbo. Tutte le strade invece portano al mare. Infatti la plastica gira e gira per il mondo in mille modi diversi, ma sempre lì finisce.

A volte è un viaggio corto e dritto, perché dopo una giornata in spiaggia sei in pace e leggero, e non vuoi sciupare questo benessere mettendoti a cercare un cestino, è più facile e rilassante lasciare i rifiuti lì e via, sorridendo verso casa. È più comodo pure per le grandi navi mercantili, per gli yacht che costano milioni di euro come per i pedalò noleggiati sulla spiaggia: è molto democratica e accomuna ogni classe sociale, la tendenza a lasciare la nostra firma con una lunga scia di sporcizia.

Ecco, queste sono le vie più corte e dirette, eppure sono le meno battute. L'ottanta per cento della plastica che arriva negli oceani lo fa con percorsi più lunghi e tortuosi. Parte dalla profonda terraferma, e segue soprattutto il corso dei fiumi, che attraversano i nostri paesi e raccolgono i nostri scarti. I fiumi sono le vene della terra, e se la terra è zozza lo sono pure loro, che scorrono fino a scaricarsi in mare.

Una parte di questi rifiuti si fa un giretto tra le correnti, poi le onde ce la riportano a riva. Come l'insalata russa della signora Franca, che era cattivissima, io l'ho assaggiata una volta sola quando avevo dieci anni e ho pianto. Ma lei era tanto permalosa, allora quando te la portava dovevi esultare e ringraziarla mezz'ora, prima di passarla a qualche vicino.

Che la passava a un altro, e quello a un altro ancora, l'insalata russa vagava per tutto il quartiere e a forza di girare tornava a casa della Franca.

Lo stesso fanno le onde con la nostra spazzatura, la spingono da una parte o dall'altra ma alla fine la schiaffano sulla spiaggia, così ogni mareggiata diventa uno spettacolo desolante.

Da piccolo, quando di notte sentivo il mare che si arrabbiava e saliva a prendersi la terra, io non dormivo e mi frizzavano le gambe dalla voglia di correre là al mattino, e trovare i tesori che aveva lasciato per me sulla riva. Legni di ogni forma e misura, rami spellati dalla sua forza, radici e tronchi e a volte alberi interi, piantati lì come se fossero nati e cresciuti dal nulla nella sabbia. Alghe di cento colori, conchiglie e stelle marine, lische e pesci sorpresi dalla marea, granchi e paguri. E ogni tanto, qua e là, qualche pezzo di plastica. Ma erano un'eccezione, una stranezza che non mi dispiaceva mica. E siccome ero un bimbo un po' romantico e parecchio scemo, ammiravo lo spettacolo sulla spiaggia come una grande opera d'arte, dipinta dal mare con le onde al posto del pennello, su una grande tela fatta di sabbia. Un'opera astratta con mille forme e colori, e a forza di guardarla mi sembrava di intuirci un senso e un messaggio.

Adesso invece le mareggiate scaricano così tanta plastica che non c'è più niente di astratto, sono ormai opere di denuncia, e il loro messaggio è uno solo, chiaro e amarissimo. Però non lo ascoltiamo, la plastica in mare è sempre di più, e quella che le onde riescono a schiaffare di nuovo sulla terraferma è una parte insignificante.

Quasi tutta infatti non torna a riva, ma comincia un viaggio avventuroso verso il largo, presa da correnti più forti fino a entrare nella danza dei vortici che governano gli oceani, cinque grandi movimenti circolari creati dalla rotazione terrestre e dall'azione dei venti.

La plastica viene presa così in un'enorme spirale, gira e gira verso il centro e qui si incontra, si addensa, tanto da diventare la nostra famosa isola di rifiuti. Fatta di pezzettini e pezzettoni ammassati, che dopo molto tempo lì in mezzo si disgregano in frammenti più piccoli, fino a sparire.

E a questo punto uno finalmente sospira, e più leggero dice: "Ma allora che problema c'è? Tanto casino, tanto allarme, invece ecco che sparisce da sé!".

Ma il problema è proprio questo, che la plastica sparisce ai nostri occhi, però è sempre un veleno, e più piccola si fa, più i suoi frammenti si infilano dappertutto.

Li chiamiamo Microplastica, e le creature minuscole del mare li scambiano per cibo e li mangiano. Così le sostanze tossiche si insinuano nella grande catena alimentare, e cominciano a salire: le piccole creature vengono mangiate da altre più grandi, che a loro volta finiscono nella pancia di altre più grandi ancora, come in una matrioska sempre più piena di plastica, fino ai grandi predatori tipo il tonno, la ricciola, il salmone e altri che tanto ci piacciono. E così, a forza di girare e girare per il mondo, la plastica ci torna dritta in bocca.

Ognuno di noi ingoia più o meno cinque grammi di plastica alla settimana. Come se ogni lunedì mattina ci mangiassimo una carta di credito. Non è la colazione ideale, non dà l'energia giusta e nemmeno soddisfa il palato. Però è quel che succede.

E mentre ci riempiamo di microplastica, non è che la plastica grande stia lì a guardare. Una quantità enorme di animali muore per colpa sua.

La ingoiano o ci rimangono impigliati o gli resta in gola mentre filtrano l'acqua in cerca di nutrienti. Così finisce per esempio che almeno un terzo dei capodogli spiaggiati intorno alla Grecia è pieno di plastica, e muore perché non può mangiare o respirare più.

Dopo secoli di massacri, nel 1986 abbiamo proibito la loro caccia, ma continuiamo a ucciderli in modi più lenti e dolorosi. Con l'unica differenza che prima li usavamo come cibo, come olio per le lampade e altre utilità assortite, oggi stiamo lì a guardarli agonizzare sulle coste del pianeta, e intanto piangiamo un po'.

E se ci capita di vedere uno qualsiasi degli animali che muoiono sulle rive del mondo, il loro pensiero lo capiamo al volo. Non è "Perché mi stai facendo questo?", o "Non ti accorgi che stai avvelenando la mia casa?". No, quelli sono ragionamenti da uomini, complicati e colpevoli. Gli animali non hanno accuse, non hanno giudizi, e mentre muoiono il loro unico pensiero esce chiarissimo dai loro occhi spalancati:

"Oh, ma cosa cazzo succede?".

Non c'è odio, non c'è rabbia, ma un profondo stupore. Perché cosa succede, come mai adesso stanno qui fermi e persi, loro proprio non lo capiscono.

La tartaruga non capisce che quella medusa appetitosa in realtà è un sacchetto, gli uccelli marini non capiscono che quei pezzi di plastica non sono gusci di cozze, il capodoglio non capisce che quello sul fondo dell'oceano non è un tentacolo ma un cavo enorme di gomma e metallo. Come gli uccelli in volo negli aeroporti non capiscono i motori a reazione degli aerei, che li risucchiano e li polverizzano. Come i bambini non capiscono quando vedono succedere qualcosa di brutto e ingiusto, e allora chiedono agli adulti il perché. E la risposta più comune che ricevono è pure la più tremenda: "Quando sarai grande, lo capirai".

E non vuol dire che da grande sarai più intelligente, più acuto e saggio. No, è solo che crescendo diventerai più cinico e amaro, ti arrenderai alle ingiustizie, alle brutture e allo schifo. Non è vero che per capire bisogna essere intelligenti, nel mondo succedono certe cose che per capirle devi proprio essere un imbecille.

Ma intanto, anche senza capire, gli animali muoiono, muore il mare tutto, e la plastica là in mezzo aumenta ogni istante, ovunque nel pianeta.

L'isola di plastica nel Pacifico è la più grande e famosa, ma ce ne sono altre quattro in giro per gli oceani, una pure nel Mediterraneo tra l'Isola d'Elba e la Corsica. A formarle sono più di cinque trilioni di pezzi di plastica che galleggiano in superficie, ma si stima che sui fondali ce ne sia più del doppio. Pure là nelle tenebre dove nuota il calamaro gigante, e ancora più giù: il punto più profondo dell'oceano è la Fossa delle Marianne, e il punto più profondo del punto più profondo si chiama Abisso Challenger, sta a quasi undicimila metri e praticamente è un altro pianeta. Infatti ci è arrivato di recente un sommergibile in lega di titanio che sembra un'astronave, e non poteva restarci a lungo ma ha fatto in tempo a trovarci nuovi molluschi misteriosi e altre forme di vita sconosciute. Insieme a un sacchetto di plastica e alle confezioni di qualche merendina.

Merendine, a undicimila metri.

Allora, quando proviamo a sfuggire allo stress quotidiano volando con l'immaginazione verso gli atolli sperduti e le isolette vergini in mezzo al cuore intatto degli oceani, si tratta appunto di posti che esistono solo lì, nell'immaginazione, perché i famosi "paradisi incontaminati" sono ormai un modo di dire. L'unico paradiso rimasto ancora incontaminato, forse, è proprio il Paradiso lassù nei Cieli, e solo perché a forza di comportarci come ci comportiamo è un posto dove gli umani arrivano di rado.

La situazione è questa da tempo ormai. Adesso se ne parla più che in passato, si organizzano eventi, iniziative, tanti discorsi coi ragazzi a scuola. Ma sono appunto discorsi, e mi sa che servono solo a farci sentire più bravi. Perché intanto si usa e si butta oggi molta più plastica che mai: negli ultimi dieci anni se ne è prodotta più che nell'ultimo secolo.

E se ci domandiamo perché, la risposta è una sola: perché la plastica costa poco.

La plastica costa poco.

La plastica, costa poco.

E io di cazzate in vita mia ne ho sentite tante e ne ho dette anche di più, ma questa le sbaraglia tutte.

La plastica costa poco, e le alternative meno velenose costerebbero troppo.

Uguale a quando ti nasce un figlio: è amore istantaneo, è adorazione. Come stringe quelle manine minuscole, come muove la bocca mentre sogna, come ti guarda sorpreso e felice, certi sorrisi pieni che all'improvviso lo illuminano e ti rubano il fiato.

E però, se lo lasci stare un attimo e ti metti a fare due conti, questo bimbo dovrai sfamarlo e vestirlo, per farlo crescere bene e veloce, infatti ogni giorno i vestiti e le scarpe gli staranno stretti e ne dovrai comprare di nuovi, e regali, e giocattoli, le tasse dell'asilo e poi della scuola, i libri e gli zaini le biciclette il motorino e la macchina, qualche viaggio con gli amici, e... e insomma, questo bimbo è bello e amoroso, ma è anche una rovina. Crescerlo costa tantissimo, anzi *costa troppo*: molto più conveniente prenderlo, buttarlo subito dalla finestra e amen.

Una scelta idiota e mostruosa, certo, ma è la stessa che facciamo ogni giorno usando la plastica. Solo che a buttare lei dalla finestra ci facciamo molti meno scrupoli, perché da lì fa i suoi giri lunghi, va lontano e non ci pensiamo più. E poi non è certo come fare del male a tuo figlio. Eppure, allegramente, sfacciatamente, economicamente, è proprio quel che facciamo: condanniamo i nostri figli a vivere in un mondo dove non potranno stare bene mai più.

E noi li amiamo, i nostri figli. Sono la nostra gioia, la nostra ragione di vita, sono la cosa più importante dell'universo. Ma questo non vale niente.

Amare i propri figli è troppo facile, tutti ci riescono, pure le persone più orribili del mondo. La storia è piena di re e regine spietati, generali, dittatori e papi che per favorire i loro discendenti hanno trucidato paesi interi, e Hitler non aveva figli, ma altrimenti li avrebbe amati tantissimo, e avrebbe imposto alla gente del Reich di adorarli oppure l'avrebbe sterminata nelle maniere più atroci. Pure i killer e i boss della mafia insistono sempre sul valore sacro della famiglia e su quanto amano i propri figli, mentre sciolgono quelli degli altri nell'acido.

Invece è proprio a questi ultimi che dovremmo pensare, per dare un senso diverso al nostro viaggio nel mondo: amare i nostri figli è troppo facile, bisognerebbe amare anche i figli degli altri.

Quelli che stanno al banco accanto, nella stessa scuola o nello stesso paese, ma pure quelli che studiano e giocano dall'altra parte del pianeta, e vanno a letto quando i nostri si svegliano. E anche i bimbi che si sveglieranno solo fra cinque anni o cento, perché devono ancora nascere. Bisognerebbe amare pure loro, i figli dei nostri figli, e i figli dei figli degli altri.

Devono correre sulla spiaggia e lungo le strade, cadere e sbucciarsi le ginocchia, spalancare gli occhi nella magnifica attesa davanti al bancone delle gelaterie, ridere tanto e piangere tanto. Tutte cose che un giorno faranno, se arriverà il loro momento.

Ma non è mica così sicuro, che quel momento arriverà. Già una volta abbiamo sfiorato l'estinzione. Grosso modo sessantamila anni fa, nell'ultima grande glaciazione, il nord era coperto di ghiaccio e intanto l'Homo Sapiens in Africa pativa una tremenda siccità. Addio vegetazione, addio prede, addio acqua. E siccome le cose brutte si mettono sempre d'accordo per succedere tutte insieme, l'eruzione vulcanica più grande degli ultimi venti o trenta milioni di anni aveva coperto il cielo, portando notte e inverno eterni.

In mezzo a quel casino, gli uomini rimasti sulla Terra erano al massimo duemila, ma c'è chi dice molti meno: la popolazione di un paesino in cima agli Appennini, questo solo restava dell'umanità.

Eppure ci siamo salvati, anzi siamo esplosi, oggi siamo sette miliardi e ogni giorno di più. Grazie all'unica vera arte in cui siamo maestri assoluti: adattarci alla situazione. In questo non ci batte nessuno, né i leoni né i lupi, le balene e nemmeno i calamari giganti. Gli unici che possono competere con noi in questo sport sono i batteri, i topi e gli scarafaggi.

Sessantamila anni fa, invece di estinguerci abbiamo stretto i denti e vagato in cerca di nuove risorse. Anzi, pare che un grande aiuto ce l'abbia dato arrivare giù alle coste del Sudafrica, dove finalmente abbiamo trovato il mare.

Già, il mare, quella volta ci ha salvati proprio lui. Ma stavolta, se finiamo sull'orlo dell'estinzione per averlo ucciso, chi ci salverà?

Nessuno lo sa, figuriamoci io. Io so solo che dovremmo amare i figli di tutti come i nostri, e sperare che possano crescere e diventare migliori di noi: per resistere meglio, bisogna esistere meglio.

E io ci credo tanto, ai ragazzi. Perché l'umanità aveva disegnato la sua direzione naturale, magnifica e armoniosa, proprio quando era giovane, tante migliaia di anni fa, e a riscoprirla sono stati, praticamente l'altro giorno, quattro ragazzini.

Anzi, quattro ragazzini e un cane. Nel sudovest della Francia, il 12 settembre del 1940.

Gli adulti sono impegnati a fare la seconda guerra mondiale, la scuola è chiusa e Marcel fa un giretto nel bosco col suo cagnolino. Che si chiama Robot, e a forza di inseguire un coniglio scopre un grande buco sotto un albero, ci si infila e sparisce. Dopo un po' esce da solo, però Marcel corre lo stesso in paese a chiamare gli amici, perché finalmente hanno trovato il modo per passare la giornata.

E adesso eccoli qua, Marcel, Jacques, Georges e Simon, si affacciano sul buco misterioso e ci buttano un sasso, ma è così profondo che da sotto non sale nessun tonfo. Però gli cresce in testa un pensiero, unico e clamoroso: questo è il leggendario passaggio che porta alle segrete del castello di Montignac, piene zeppe di tesori.

Si fanno forza, e si calano nello stretto delle tenebre con un lume a olio, giù e giù per quindici metri senza respiro. E quando stanno per arrendersi, il tunnel finisce e si allarga in una caverna che li avvolge come una grande bolla di roccia. Nella luce debole e tremula della fiammella gli ci vuole un po' per vedere qualcosa, ma poi si rendono conto di dove stanno: sono caduti in mezzo a un sogno.

Animali, tantissimi animali selvaggi, di mille colori e dimensioni, alcuni piccoli e altri di quattro o cinque metri, tutti presi in una corsa possente e insieme leggera, che copre le pareti della caverna intorno a loro e gira e gira, e gli animali si muovono davvero alla luce palpitante della fiamma, la stessa che guidava gli uomini che li hanno disegnati, in questo posto sperduto in fondo al mondo e al tempo.

I ragazzi pensavano di aver trovato un tesoro, e in effetti è proprio così. Sono le caverne di Lascaux, "la Cappella Sistina dell'arte rupestre", coperte di dipinti magnifici che tornano davanti ai nostri occhi dopo quindicimila anni.

I quattro escono da lì che è notte, non sanno che ora è ma il tempo ormai non esiste più. Rientrano a casa barcollanti, spersi, innamorati, infatti il giorno dopo tornano là sotto, e quello dopo pure, e quello dopo ancora. Non possono farne a meno. Ma è una cosa troppo grande per tenersela, quindi decidono di confidarsi con un adulto, un maestro della scuola che è appassionato di preistoria.

Lui pensa a uno scherzo, poi lo portano davanti a quel buco e teme che lo vogliano buttare lì dentro e addio. Ma alla fine lo convincono, si cala nel pertugio e dopo poco anche lui viene preso dal turbine di colori che vortica là sotto. Lo stesso farà l'abate Breuil, grande autorità dell'arte rupestre, e così le grotte di Lascaux arriveranno al mondo intero.

Anzi, è il mondo che arriva lì, mentre i quattro ragazzi non riescono ad allontanarsene. Finché non viene piazzato un portone di ferro, a difendere l'entrata ci pensano loro, e Jacques addirittura convince i suoi genitori a lasciargli passare le notti lì, in una tenda.

Così, mentre l'umanità combatte una guerra atroce e scrive la storia col sangue e le lacrime, un ragazzino sta seduto in una tenda sotto le stelle a proteggere una storia diversa e più antica, che ha i tratti più soavi mai disegnati dall'uomo.

Centinaia di dipinti, simboli sparsi, il profilo di qualche mano e altre figure misteriose, ma soprattutto quegli uomini così lontani nel passato hanno raccolto dalla terra l'intensità di quei rossi, di quei gialli e neri, per spingersi nel cuore buio del mondo e disegnare sulla pietra viva ciò che più li emozionava e li incantava, i loro sogni, i loro prodigi, i loro dèi: gli animali.

Tantissimi cavalli, selvaggi e maestosi nel loro galoppo, e tori possenti, cervi e bisonti, gli uri che oggi non esistono più, i leoni e altri felini, un uccello, un orso e un rinoceronte, tutti insieme in una corsa che è una danza, si stende seguendo le forme della roccia e si fonde con lei e col tempo davanti e dietro e ovunque all'infinito.

I primi studiosi, buttandoci sopra le lampade elettriche e la nostra mente pratica e produttiva, hanno pensato che questi disegni fossero utili per la caccia. Un modo per propiziarsi la fortuna e trovare là fuori tante bestie come queste, da uccidere e mangiare. Però non torna, la maggior parte degli animali dipinti non sono le prede tipiche di quegli uomini, che cacciavano soprattutto le renne e invece di renne nella caverna non ce n'è nemmeno mezza. E poi questa non è una fuga, è un correre libero e gioioso, ogni anima fusa nell'altra e nelle vene della roccia che le sostiene da millenni. Qua sotto c'è una bellezza stordente e diversa, così intensa e serena che lo capisce pure uno con la sensibilità di un cassonetto, non occorre essere Picasso.

Che qua c'è venuto di corsa, e da quel momento la luce del giorno non è più stata la stessa, e la sua arte nemmeno. Per il resto della vita ha inseguito questa meraviglia, che è un ritorno all'origine e insieme un volo là davanti verso un orizzonte tutto nuovo.

Qua infatti non c'è niente di "primitivo" come lo intendiamo noi, cioè roba da uomini pelosi con un pellicciotto addosso, una clava in mano e una donna tirata per i capelli. Questo è invece il "primo", il grande inizio, che però è in sé già pieno e maturo, e ci tuffa dentro una forza magica che ci palpita intorno, vicina, sempre più vicina, ci sfiora, ci tocca, viene a portarci via.

Perché questo erano gli animali, per gli uomini che hanno dipinto le caverne di Lascaux, quelle di Altamira e di Chauvet, già quarantamila anni fa. Erano la manifestazione visibile della forza mistica e superiore che da sempre sentiamo esistere sopra di noi, gloriosa, misteriosa, sconvolgente.

Gli animali erano le nostre divinità. Li ammiravamo, e li dipingevamo sperando di avvicinarci a loro. Di scoprire in noi un po' della loro magia, e sentirci parte di questa immensa, frastornante bellezza.

È vero, per sopravvivere a volte li uccidevamo, ma molto più spesso erano loro a uccidere noi. E intanto la danza continuava, e noi insieme a lei e al tutto, senza fine.

O meglio, una fine c'è stata, e l'abbiamo decisa noi.

Quando non abbiamo più desiderato di starci dentro, ma proprio in mezzo, e poi sopra. Abbiamo smesso di danzare, e siamo saliti su una scala. Che ci siamo inventati noi, e quindi non ci porta da nessuna parte, solo ci allontana. E visti da quassù, gli animali non sono più dèi, non sono nemmeno pari a noi ma creature al nostro servizio. È bastato salire qualche scalino per questo salto enorme, lo stesso che c'è tra i cavalli selvaggi di Lascaux e quelli con le piume in testa che tirano le carrozze dei signori, tra i tori enormi che dominano la caverna e gli occhi fissi dei buoi legati al giogo.

Ma non basta, siamo saliti ancora, e tutto là sotto è diventato una cosa sola e confusa, e l'abbiamo chiamata Natura. Come se non fossimo anche noi, la Natura, ma una specie di parco giochi nel verde, un posticino da fine settimana dove fare una corsetta e scattare qualche foto, assaggiare piatti tipici e poi tornare rapidi e ossigenati alla vita vera, che sono le file dal medico, gli uffici, i corridoi dei supermercati, le visite ai parenti, le riunioni di condominio.

Ecco dove siamo arrivati, a forza di salire. A questo mondo grigio e secco, staccato dalla Natura e quindi da noi stessi. Dove ci muoviamo tristi, storditi e goffi, ormai inadatti all'incanto naturale che era nostro, e che questi dipinti ancora ci mostrano in tutta la sua intensità.

Tanto inadatti da essere dannosi, infatti le caverne di Lascaux non sono più visitabili, perché il respiro dei turisti e le luci elettriche le stavano rovinando per sempre. Dopo migliaia di anni senza problemi, a sciuparle è bastato un attimo di noi. Siamo il vetriolo della vita, siamo il diserbante della bellezza.

L'abbiamo fatto con questi animali dipinti, con quelli veri che raffigurano, coi boschi dove vivono e vivevamo noi, e lo facciamo ancora oggi sui monti nelle valli per i campi e giù verso il mare, fino agli abissi più profondi. Anche là dove non siamo mai arrivati e non sappiamo quante e quali creature incredibili e gigantesche vivono – l'unica cosa certa è che la loro esistenza è più difficile per colpa nostra.

La loro danza è meno piena e liscia e perfetta, da quando siamo arrivati noi.

Anzi, da quando noi ce ne siamo andati.

Perché il problema è questo, ci siamo staccati da quel che eravamo, sentendoci superiori agli animali, al mondo, agli dèi. Anzi, gli dèi siamo diventati noi, però non c'è nessuno che ci adora, allora ci proviamo da soli. Così abbiamo tirato fuori un'altra scemenza, cioè che pure tra noi ci sono uomini ancora migliori, e l'umanità china il capo davanti a pochi eletti che sono ricchi e nobili e portano piume o corone in testa, scettri in mano o patacche sul petto, e si fanno chiamare con nomi idioti tipo direttore, presidente, onorevole, avvocato, maresciallo, eminenza, sua maestà... e via così, sempre più in alto su questa scala scema, sempre più lontani dal capire che in realtà noi siamo qui, mescolati nel tutto, non esiste un posto solo nostro, né un altrove che non ci riguarda. Infatti avvelenare la Natura è come pisciarci apposta nelle mutande. E quando buttiamo via la plastica e le altre schifezze, non esiste nessun "via": tutto è qui, tutto è insieme, tutto è addosso.

Anche se non lo sappiamo più. Noi non sappiamo nulla. E però quanto sarebbe bello, non sapere nulla e accettarlo, anzi goderci il magnifico mistero in cui viviamo.

Questo viaggio sgangherato tra le pagine l'abbiamo iniziato proprio così, dicendo che del mare noi non sappiamo nulla. E adesso, dopo averne parlato un bel po' – e infatti fra un attimo ci salutiamo –, non è che ne sappiamo di più. Magari qualche curiosità, qualche episodio, ma sono cazzate e domani ce le saremo scordate già. E va bene così. Non importa quel che sappiamo, è molto più importante se finalmente abbiamo capito quanto non ne sappiamo nulla. Quanta imprevedibile, impensabile, incredibile meraviglia esiste davvero là sotto l'acqua, ma anche sopra, e tutto intorno. Immensa, eterna e possente, con mille traiettorie diverse eppure in armonia tra loro. In una danza che è come quella delle onde, c'è da sempre e per sempre, magnifica e infinitamente più grande di noi.

Saperlo ci spaventa e ci spaesa, come mi è successo quella notte da bambino che la nonna ha acceso per me le stelle del cielo, facendomi spegnere la lampadina scema che le nascondeva. Sono bordate di stupore e di emozione, che ci fanno tremare in cima alla nostra triste scaletta. Ma in realtà dovremmo essere felici, felici e luccicanti, perché di quella danza, di quella meraviglia, facciamo parte anche noi.

Infatti il calamaro coi suoi tentacoli giganti, il capodoglio con la coda a mezza luna, ma pure le acciughe d'argento, i granchi e i paguri, le ranocchie nei fossi e le anguille intorno, gli scorpioni perfetti tra i sassi, le volpi e i lupi nei campi, gli uccelli tra gli alberi e ogni singola foglia, ogni fiore e frutto e radice e polline che sale nell'aria e pure l'aria stessa: tutti quanti e tutto quanto in quell'unica magnifica danza si ferma per un attimo, si volta verso di noi traballanti e sgraziati sulla nostra scaletta, e in coro ci dice: "Oh, ma cosa fai lassù? Tuffati, scemo, che qua si sta benissimo!".

Allora noi, smettendo di trattenerci e misurare, potremmo mollare la presa e tuffarci in questa smisurata meraviglia, di cui non sappiamo e non sapremo mai nulla, ma una cosa sola e stupenda: che quella meraviglia siamo anche noi.

E da quel momento, solo da quel momento, danzando col calamaro gigante, col capodoglio e Babbo Natale, coi dinosauri e tutte le altre bellezze che per una vita ci siamo sforzati di non far esistere, finalmente anche noi cominceremo a esistere davvero.

Indice